U0372016

实验动物科学丛书 12

丛书总主编 秦 川

Ⅸ实验动物工具书系列

中国实验动物学会团体标准汇编及实施指南

(第四卷)

(上册)

秦 川 主编

科学出版社

北 京

内 容 简 介

本书收录了由中国实验动物学会实验动物标准化专业委员会和全国实验动物标准化技术委员会（SAC/TC281）联合组织编制的第四批《中国实验动物学会团体标准汇编及实施指南》，分为五个部分：实验动物管理系列标准、实验动物质量控制系列标准、实验动物检测方法系列标准、实验动物产品系列标准和动物实验系列标准。内容涵盖实验动物病毒检测方法、配合饲料、微生物控制、隔离器、行为学规范、福利规范等方面，涉及实验用犬、猫、东方田鼠、无菌猪、小鼠、大鼠等多种动物，总计12项标准及相关实施指南。

本书适合实验动物学、医学、生物学、兽医学研究机构和高等院校从事实验动物生产、使用、管理和检测等相关研究、技术和管理的人员使用，也可供对实验动物标准化工作感兴趣的相关人员使用。

图书在版编目(CIP)数据

中国实验动物学会团体标准汇编及实施指南．第四卷 / 秦川主编．—北京：科学出版社，2020.4

（实验动物科学丛书）

ISBN 978-7-03-064564-7

Ⅰ.①中… Ⅱ.①秦… Ⅲ.①实验动物学—标准—中国 Ⅳ.① Q95-65

中国版本图书馆 CIP 数据核字(2020)第 036641 号

责任编辑：罗 静 刘 晶 / 责任校对：郑金红

责任印制：吴兆东 / 封面设计：刘新新

科学出版社出版

北京东黄城根北街16号

邮政编码：100717

http://www.sciencep.com

北京捷迅佳彩印刷有限公司 印刷

科学出版社发行 各地新华书店经销

*

2020年4月第 一 版 开本：787×1092 1/16

2020年4月第一次印刷 印张：14

字数：306 000

定价：128.00元（上下册）

（如有印装质量问题，我社负责调换）

编写人员名单

丛书总主编：　秦　川

主　　编：　秦　川

副 主 编：　孔　琪

主要编写人员：

秦　川	中国医学科学院医学实验动物研究所
孔　琪	中国医学科学院医学实验动物研究所
赵　力	中国建筑科学研究院有限公司
吴伟伟	中国建筑科学研究院有限公司
曲连东	中国农业科学院哈尔滨兽医研究所
史　宁	中国农业科学院特产研究所
韩凌霞	中国农业科学院哈尔滨兽医研究所
周智君	中南大学
葛良鹏	重庆市畜牧科学院
孙　静	重庆市畜牧科学院
师长宏	中国人民解放军空军军医大学
刘新民	中国医学科学院药用植物研究所

秘　　书：　董蕴涵　　中国医学科学院医学实验动物研究所

序

实验动物科学是一门新兴交叉学科，它集生物学、兽医学、生物工程、医学、药学、生物医学工程等学科的理论和方法，以实验动物和动物实验技术为研究对象，为相关学科发展提供系统生物学材料和相关技术。实验动物科学不仅直接关系到人类疾病研究、新药创制、动物疫病防控、环境与食品安全监测和国家生物安全与生物反恐，而且在航天、航海和脑科学研究中也具有特殊的作用与地位。

虽然国内外都出版了一些实验动物领域的专著，但一直缺少一套能够体现学科特色的系列丛书，来介绍实验动物科学各个分支学科、领域的科学理论、技术体系和研究进展。

为总结实验动物科学发展经验，形成学科体系，我从 2012 年起就计划编写一套实验动物的科学丛书，以展示实验动物相关研究成果，促进实验动物学科人才培养，以推动行业发展。

经过对系列丛书的规划设计后，我和相关领域内专家一起承担了编写任务。该丛书由我总体设计、规划、安排编写任务，并担任总主编，组织相关领域专家详细整理了实验动物科学领域的新进展、新理论、新技术、新方法，是读者了解实验动物科学发展现状、理论知识和技术体系的不二选择。根据学科分类、不同职业的从业要求，该丛书内容包括：I 实验动物管理、II 实验动物资源、III 实验动物基础科学、IV 比较医学、V 实验动物医学、VI 实验动物福利、VII 实验动物技术、VIII 实验动物科普和 IX 实验动物工具书，共计 9 个系列。

本书为 IX 实验动物工具书系列中的《中国实验动物学会团体标准汇编及实施指南》（第四卷），收录了中国实验动物学会第四批团体标准。

本批标准的发布与实施进一步完善了实验动物标准体系，将有助于规范实验动物的管理和使用，提升实验动物质量，对于科学研究、实验教学和动物实验均具有重要意义，可供广大实验动物科学、医学、药学、生物学、兽医学等相关领域科研、教学、生产等相关人员了解、学习和使用。

丛书总主编　秦川　教授

中国医学科学院医学实验动物研究所所长

北京协和医学院比较医学中心主任

中国实验动物学会理事长

2019 年 8 月

序

前　　言

自20世纪50年代形成以来，实验动物科学已经在实验动物管理、实验动物资源、实验动物医学、比较医学、实验动物技术、实验动物标准化等方面取得了重要进展，积累了丰富的研究成果，形成了较为完善的学科体系。本书属于“实验动物科学丛书”中实验动物工具书系列的第四卷，是实验动物标准化工作的一项重要成果。

实验动物科学在中国有四十年的发展历史，在发展过程中有中国特色的积累、总结和创新。根据实际工作经验，结合创新研究成果，建立新型的标准，在标准制定和创新方面有“中国贡献”，以引领国际标准发展。此标准引领实验动物行业规范化、规模化有序发展，是实验动物依法管理和许可证发放的技术依据。此标准为实验动物质量检测提供了依据，减少人兽共患病发生。通过对实验动物及相关产品、服务的标准化，可促进行业规范化发展、供需关系良性发展、提高产业核心竞争力、加强国际贸易保护。通过对影响动物实验结果的各因素的规范化，可保障科学研究和医药研发的可靠性与经济性。

由国务院印发的《深化标准化工作改革方案》（国发〔2015〕13号）中指出，市场自主制定的标准分为团体标准和企业标准。政府主导制定的标准侧重于保基本，市场自主制定的标准侧重于提高竞争力。团体标准是由社团法人按照团体确立的标准制定程序自主制定发布，由社会自愿采用的标准。

在国家实施标准化战略的大环境下，2015年，中国实验动物学会（CALAS）联合全国实验动物标准化技术委员会（SAC/TC281）被国家标准化管理委员会批准成为全国首批39家团体标准试点单位之一（标委办工一〔2015〕80号），也是中国科学技术协会首批13家团体标准试点学会之一。2017年中国实验动物学会成为团体标准化联盟的副主席单位。

根据《中国实验动物学会团体标准管理办法》等有关规定，《实验动物　设施运行维护指南》等12项标准于2018年6月由中国实验动物学会实验动物标准化专业委员会批准立项，并组织制定、征求意见；2019年5月21日由全国实验动物标准化技术委员会技术审查通过；2019年7月10日经中国实验动物学会常务理事会批准发布；2019年8月1日开始实施。标准内容涵盖实验动物病毒检测方法、配合饲料、微生物控制、隔离器、行为学规范、福利规范等方面，涉及实验用犬、猫、东方田鼠、无菌猪、小鼠、大鼠等多种动物。

本书是以我国实验动物标准化需求为导向，以实验动物国家标准和团体标准协调发展为核心，实施实验动物标准化战略，大力推动实验动物标准体系的建设，制定的一批关键性标准，可提高我国实验动物标准化水平和应用。

本书收录了中国实验动物学会团体标准第四批12项。为了配合这批标准的理解和使用，我们还以标准编制说明为依据，组织标准起草人编写了12项标准实施指南作为配套图书。参加本书汇编工作的主要人员有：秦川、孔琪、赵力、曲连东、史宁、韩凌霞、周智君、葛良鹏、孙静、师长宏、吴伟伟、刘新民等。希望各位读者在使用过程中发现问题，为进一步修订实验动物标准、推进实验动物标准化发展进程提出宝贵的意见和建议。

主编　秦川　教授

中国医学科学院医学实验动物研究所所长

北京协和医学院比较医学中心主任

中国实验动物学会理事长

2019年8月

目　　录

上　　册

第一篇　实验动物管理系列标准

第二篇　实验动物质量控制系列标准

第三篇　实验动物检测方法系列标准

第四篇　实验动物产品系列标准

第五篇　动物实验系列标准

下 册

第一篇 实验动物管理系列标准

第二篇 实验动物质量控制系列标准

第三篇 实验动物检测方法系列标准

第四篇 实验动物产品系列标准

第五篇 动物实验系列标准

第一篇

实验动物管理系列标准

ICS 65.020.30
B 44

中国实验动物学会团体标准

T/CALAS 64—2019

实验动物　设施运行维护指南

Laboratory animals - Guideline for operation and maintenance of facilities

2019-07-10　发布　　　　2019-08-01　实施

中国实验动物学会　发布

前　　言

本标准按照 GB/T 1.1—2009 给出的规则编写。

本标准由中国实验动物学会归口。

本标准由全国实验动物标准化技术委员会（SAC/TC281）技术审查。

本标准由中国实验动物学会实验动物标准化专业委员会提出并组织起草。

本标准起草单位：中国建筑科学研究院有限公司、中国医学科学院医学实验动物研究所、中国合格评定国家认可委员会、清华大学、湖南大学设计研究院有限公司、中国建筑技术集团有限公司、湖南大学、河北医科大学、中国科学院动物研究所实验动物中心。

本标准主要起草人：赵力、秦川、吴伟伟、刘云波、刘江宁、王荣、张彦国、王福林、言树清、田小虎、刘华、何春霞、龚光彩、曾宇、冉鹏、刘树峰、王博雅、多曙光、吕行、仇丽娉、闫晓敏、刘璟、张丽娜、刘春砚。

实验动物　设施运行维护指南

1　范围

本标准规定了实验动物设施运行维护中对建筑、暖通空调、给水排水、电气与自控、气体系统、专用设备等方面的基本要求。

本标准适用于实验动物实验设施、生产设施的运行维护。

2　规范性引用文件

下列文件对于本文件的应用是必不可少的。凡是注明日期的引用文件，仅所注日期的版本适用于本文件。凡是不注日期的引用文件，其最新版本（包括所有的修改单）适用于本文件。

GB 5749　《生活饮用水卫生标准》
GB/T 8174　《设备及管道保温效果的测试与评价》
GB 14925　《实验动物　环境与设施》
GB 19489　《实验室　生物安全通用要求》
GB 50346　《生物安全实验室建筑技术规范》
GB 50447　《实验动物设施建筑技术规范》

3　术语和定义

以下术语和定义适用于本标准。

3.1

实验动物　laboratory animal

经人工培育，对其携带微生物和寄生虫实行控制，遗传背景明确或者来源清楚，用于科学研究、教学、生产、检定及其他科学实验的动物。

3.2

实验动物实验设施　experiment facility for laboratory animal

以研究、试验、教学、生物制品和药品及相关产品生产、检定等为目的而进行实验动物实验的建筑物和设备的总和。

包括动物实验区、辅助实验区和辅助区。动物实验区、辅助实验区合称为实验区。

3.3

实验动物生产设施　breeding facility for laboratory animal

用于实验动物生产的建筑物和设备的总称。

包括动物生产区、辅助生产区和辅助区。动物生产区、辅助生产区合称为生产区。

4 建筑

4.1 实验动物设施消毒应采用适宜的消毒方式，并制定消毒标准操作规程。消毒不应损坏设施内围护结构、设备及管线等。

4.2 应定期检查屏障环境设施净化区内的墙面、顶棚、门窗等围护结构的密封性能。

4.3 对照度有特殊要求的实验动物设施，应定期检查遮光、调光等措施。

4.4 动物饲料、动物垫料应存放于储存用房，楼面的堆放物重量不应超过楼盖的荷载限值。

4.5 应制定并实施各类垃圾管理制度，并应分类收集、规范存放。负压屏障环境设施的废弃物、笼具、动物尸体应经无害化处理后才可运出实验区。涉及放射性物质的设施，要遵守放射性物质的相关规定处理后才可运出。

4.6 有压差要求的实验动物设施在使用过程中应定期检测房间气密性，如发现泄漏，应及时维修，具体要求和方法可参照现行国家标准 GB 50346《生物安全实验室建筑技术规范》和 GB 19489《实验室　生物安全通用要求》中的相关规定。

4.7 应定期检查维护防止昆虫、野鼠等动物进入和实验动物外逃的设施。

4.8 应定期校准屏障环境设施房间之间的压差控制装置。

5 暖通空调

5.1 应定期检查维护制冷机组、组合式净化空调机组、风机、水泵和冷却塔、管道、阀门、仪表等。

5.2 应定期检查温度、压力、流量、热量等参数是否满足要求。

5.3 新风口、排风口处应设置保护网，并定期检查、及时维护。

5.4 空调房间内的送、回、排风口应保持清洁。

5.5 应定期检查维护热回收装置密封状况和热回收效果。

5.6 应定期检查空调冷、热水的水质。当水质不符合要求时，应采取改善水质的措施。

5.7 应定期检查空调通风系统冷凝水管道的水封，水封高度应确保冷凝水顺利排出。空气处理设备的凝结水集水部位，不应存在漏水、腐蚀等现象。

5.8 应定期检查空调通风系统的防火阀及其感温、感烟控制元件。

5.9 应定期检查设备及管道的保温情况，绝热层应无脱落和破损现象。设备及管道的保温应符合现行国家标准《设备及管道保温效果的测试与评价》GB/T 8174 的要求。

5.10 日常运行中，应保持设备、阀门和管道的表面清洁。设备、阀门和管道不应有明显锈蚀，不应有跑、冒、滴、漏、堵现象。

5.11 暖通空调系统的粗效过滤器、中效过滤器、亚高效过滤器、高效过滤器、活性炭过滤器等处宜设置阻力监测、报警装置。过滤器的常规检查及清洗、更换宜按表 1 执行。

5.12 更换高效过滤器后，应对高效过滤器进行检漏，应对系统风量进行调试。

5.13 应定期检查维护空气处理设备的加湿器，不应存在结垢、积水、漏水、腐蚀和有害菌群滋生现象。不同加湿方式应特别注意以下内容。

a）干蒸汽直接加湿：定期检查维护减压阀、比例调节加湿阀、疏水阀、管路、保温等。

表 1 过滤器的常规检测及清洗、更换建议

类别	检查内容	维护要求
新风入口过滤网	堵塞情况	堵塞 10%及以上进行清洗或更换
室内排风口过滤器	堵塞情况	堵塞 10%及以上进行清洗或更换
粗效过滤器	过滤器阻力	达到过滤器终阻力前必须清洗或更换
中效过滤器	过滤器阻力	达到过滤器终阻力前必须更换
亚高效过滤器	过滤器阻力	达到过滤器终阻力前必须更换
高效过滤器	过滤器阻力	达到过滤器终阻力前必须更换

注：堵塞 10%以上指的是新风过滤网堵塞面积达到 10%以上时，需要进行清洗或更换。

b）电极式加湿器：电极式加湿器应定期检查电极式加湿器排水电磁阀、加湿电极及其他辅助设施是否正常。

c）电热式加湿器：电热式加湿器应定期清洗加湿桶、维护排水电磁阀。

5.14 空调通风系统的维修、保养、清洗、改造等工程项目，应明确约定实施内容和验收标准。

6 给水排水

6.1 应定期检查给排水管道及阀门，保证管道牢固、不渗漏、不结露及不腐蚀。

6.2 应定期对动物饮水系统进行冲洗，定期检测动物饮用水水质，确保普通动物饮水符合现行国家标准 GB 5749《生活饮用水卫生标准》的要求，屏障环境设施的净化区和隔离环境设施的用水应达到无菌要求。

6.3 应定期检查排水装置，确保排水系统通畅，同时避免昆虫出入和微生物的滋生。

6.4 排水设施长期不用时，应密封牢固，以防排水口中气体或其他污染物的反流。

6.5 应定期检查热水、蒸汽等管道隔热系统的完好性，确保标识清晰完整。

6.6 应定期检查紧急喷淋和洗眼装置等应急装备的运行状态，确保其正常使用。

7 电气与自控

7.1 应定期巡检电气设备及线路，保障供电可靠性。

7.2 应定期检查维护由非洁净区进入洁净区及洁净区内的开关、灯具等设备的密封措施。

7.3 对于照度有特殊要求的房间，应定期检查维护遮光窗帘、调光装置等设施。

7.4 采用紫外线灭菌灯具灭菌时，应检查维护紫外线灭菌灯具。

7.5 设有电加热的空调系统，应定期检查维护空调风管接地系统、电加热器与风机连锁、断电保护等。

7.6 应定期检查维护防静电接地、室内等电位接地。

7.7 应定期检查维护空调自控系统，应根据不同季节条件，满足空调系统的节能运行。

7.8 应对视频监控系统、信息系统进行日常检查维护；监控数据应按规定的时间进行保存。

7.9 门禁系统应保证安全可靠，紧急情况下（及停电状况下）门均应能安全打开。

7.10 应定期检查维护应急、疏散指示照明灯具等设备。带有应急蓄电池的应急、疏散照

明指示灯具，应满足所需应急照明时间的要求。

8 气体系统

8.1 气体设备的标识和标牌应准确清晰。

8.2 应定期对气体系统进行泄露性试验。

8.3 气体更换、管路维修后应对系统进行交叉错接检验。

8.4 应定期检查气体系统的终端洁净度。

8.5 应定期对气体设备及备用系统、警报系统进行功能测试。

8.6 应定期对维修和测试仪器进行校准并记录结果。

8.7 应定期对气体设备进行安全检查。

9 专用设备

9.1 应定期对实验动物笼具进行清洗，需要时应采取消毒灭菌措施。

9.2 应定期检查动物隔离设备内独立环境的温湿度、换气次数、洁净度、风速等各项参数是否符合要求。

9.3 应定期检查传递窗的密封、双门互锁及消毒功能。

9.4 应定期维护和检测生物安全柜、动物隔离器、高压灭菌器等设备。

9.5 应定期清理或更换实验动物专用设备内的过滤器。

9.6 使用大型清洗设备和消毒设备时，应保证工作人员安全。

9.7 应定期检查实验台的光滑性、防水性、耐腐蚀性等性能。

10 其他需考虑的因素

10.1 对实验动物设施运行维护中可能发生的突发事件，应事先进行风险分析与安全评价，制定应急预案及防范措施。

10.2 实验动物设施应定期维修保养，并应制定相应地使用、清洁、维护等标准操作规程。

10.3 实验动物设施内设备检修、紫外灯等开关应有明确的功能指示标识，必要时，还应采取防止误操作的措施。

10.4 实验动物设施运行过程中产生的废气、污水等应达标排放；动物尸体、试剂等废弃物应按国家现行标准的有关规定进行处置。

10.5 严禁未经设计单位确认和有关部门批准擅自改动承重结构、建筑外观。

10.6 当存放有爆炸性、毒害性、放射性、腐蚀性等危险品时，应符合相关标准的要求。

10.7 运行维护人员应经过专业培训，并取得相应的资格证书。

10.8 实验动物设施的运行维护记录应完整。

10.9 应按设备使用要求和相关标准规定进行设备维护保养。

ICS 65.020.30
B 44

中国实验动物学会团体标准

T/CALAS 73—2019

实验动物　福利伦理委员会工作指南

Laboratory animals - Work specification of the welfare and ethics committee

2019-07-10　发布　　　　2019-08-01　实施

中国实验动物学会　发布

前　言

本标准按照 GB/T 1.1—2009 给出的规则编写。

本标准由中国实验动物学会归口。

本标准由全国实验动物标准化技术委员会（SAC/TC281）技术审查。

本标准由中国实验动物学会实验动物标准化专业委员会提出并组织起草。

本标准起草单位：中国人民解放军空军军医大学、西安国联质量检测技术有限公司。

本标准主要起草人：师长宏、邵奇鸣、张彩勤、白冰、孙德明、岳秉飞、孙荣泽、王天奇、庞万勇、孔琪。

实验动物　福利伦理委员会工作指南

1　范围

本标准规定了实验动物福利伦理委员会（以下简称委员会）组织结构、职责与权限、福利伦理审查工作基本原则的指导、动物实验福利伦理方案的审查、委员会工作程序。

本标准适用于实验动物福利伦理委员会开展工作。

2　规范性引用文件

下列文件对于本标准的应用是必不可少的。凡是注明日期的引用文件，仅所注日期的版本适用于本文件。凡是不注日期的引用文件，其最新版本（包括所有的修改单）适用于本文件。

GB 14925—2010　　《实验动物　环境及设施》

GB/T 35892—2018　　《实验动物　福利伦理审查指南》

T/CALAS 52—2018　　《实验动物　动物实验方案审查方法》

3　术语和定义

GB 14925—2010、GB/T 35892—2018，以及下列术语和定义适用于本标准。

3.1

实验动物福利伦理委员会 Laboratory Animal Welfare and Ethics Committee

开展有关实验动物福利伦理方面的宣传、培训、技术咨询和专业评估的部门。

3.2

安乐死 euthanasia

人道地终止动物生命的方法，最大限度地减少或消除动物的惊恐和痛苦，使动物安静和快速地死亡。

3.3

工作规程 work specification

将工作程序贯穿一定的标准、要求和规定。

4　组织结构

4.1　参照 GB/T 35892—2018，根据不同的管理权限，设置不同层级的实验动物福利伦理管理和审查机构，使用“实验动物福利伦理委员会”的称谓，以下简称为“委员会”。

4.2　委员会的组成和任期参照 GB/T 35892—2018 实施，可以根据机构性质调整。不具备成立福利伦理委员会条件的单位，宜委托其他单位的福利伦理委员会审查。

4.3　所有委员需要参与委员会的各项活动，并承诺维护实验动物福利伦理。

4.4 实验动物福利伦理委员会是一个独立开展工作、独立行使职责的机构。

4.5 委员会主席的任职（资格）条件：熟悉实验动物安全管理相关的法律、法规和政策，了解实验动物行政管理和技术操作规范，具有奉献精神，工作责任心强。

4.6 委员会成员组成：除有熟悉实验动物相关工作的人员以外，宜有一名社会公众代表。组成人数应为奇数。

5 职责与权限

5.1 贯彻执行国家法律法规及各项相关标准

5.1.1 按照 GB 14925—2010、GB/T 35892—2018 等国家、团体及行业标准，执行全面监督动物福利的开展和动物设施的使用等实验动物福利伦理相关工作。

5.1.2 建立本机构实验动物福利、使用、管理相关规章制度（包括但不限于例会制度、审查制度、监督制度、报告制度）等。

5.1.3 制定本单位委员会章程及各项年度工作计划，包括但不限于委员会工作计划、会议日程、培训计划及检查计划等。

5.1.4 委员会审查和监督在本单位开展的有关实验动物的研究、繁育、饲养、生产、经营、运输，以及各类动物实验的设计、实施过程是否符合动物福利和伦理原则。

5.1.5 审阅、修改、批准实验动物使用方案及修正案，并对已批准的动物实验方案进行监督。

5.1.6 委员会有权观察所有批准的实验动物使用方案的执行情况，包括动物实验人员和动物饲养人员的培训状况、动物饲养、操作的职业健康安全状况及相关动物实验操作的符合性；委员会有权利暂停或中止违背实验动物福利的动物实验项目。

5.1.7 定期召开委员会全体会议（至少每半年一次），主要讨论实验动物相关问题，如动物实验方案，实验动物设施建设、管理及安全，实验动物医师工作，实验动物供应商管理，实验动物涉及的职业健康等问题，会议记录和审议结果应存档保存。

5.1.8 委员会宜至少每 6 个月或根据需要对动物管理计划和动物设施进行审核及检查。检查完毕后，委员会宜形成书面报告并监督整改完成。

5.1.9 促进实验人员及实验动物饲养人员的队伍建设，定期提供实验动物及实验技能、实验动物福利等相关培训。

5.1.10 向机构负责人或单位上级领导定期汇报半年检查结果，以及有关实验动物、实验动物福利伦理出现的任何情况。

5.1.11 对所有委员会的文件均需存档保存。保持期限至少为 5 年，或根据机构情况延长。

6 委员会工作细节

6.1 委员会会议

6.1.1 定期召开全体委员会议。各机构可以根据本机构情况设置会议要求。特殊情况时可组织紧急例会。

6.1.2 会议内容：委员会审查和监督在本单位开展的有关实验动物的研究、繁育、饲养、生产、经营、运输等。审批动物实验方案，讨论动物设施建设和改造、实验动物福利问题，动物实验是否符合动物福利和伦理原则，以及生物安全、职业健康、实验动物从事人员培训等。

6.1.3 所有委员（包括社会委员）尽量参加会议，有出差或有其他工作任务可向委员会主席请假，出席率不得少于 2/3。

6.1.4 宜对委员会例会记录及存档，至少保存 5 年，或根据各单位情况规定。

6.2 人员培训

6.2.1 委员会制定每年一次的人员培训计划和方案。

6.2.2 参加培训的人员为委员会成员和实验动物相关从业人员。

6.2.3 培训的总体要求为实验动物相关人员掌握实验动物福利伦理的知识和工作要求。

6.2.4 培训的内容主要为实验动物工作的福利伦理要求。

6.3 审查工作

6.3.1 按照 GB/T 35892—2018 和 T/CALAS 52—2018 相关规定执行。

6.3.2 委员会须制定实验动物福利伦理审查计划及审批流程。

6.3.3 实验动物使用部门提交动物实验方案或动物实验变革方案，委员会按照既定流程进行审批工作。

6.3.4 实验动物福利伦理审批可为会议审批、纸质审批，亦可采用通讯形式（包括电子邮件）审批。

6.3.5 委员会宜依据实验动物福利伦理审查的基本原则进行伦理审查并出具伦理审查报告。

6.3.6 全体委员会成员尽量参与审批过程，审批会议的委员出席率不宜少于 2/3，委员会根据少数服从多数的原则来做出决议，需要有半数委员通过。委员会亦可执行实验动物医师一票否决制度来保证实验动物的健康与福利。

6.3.7 委员会可邀请申请者现场答疑，但所有被邀请人员均无投票权。

6.3.8 委员会可特邀委员会以外的有关专家参加评审，但邀请的专家无投票权。

6.3.9 如果审批委员会某成员的动物实验项目，该委员需要回避；实验方案申请者也可提请对项目保密或让评审公正性不利的委员回避审批。

6.3.10 如果动物实验是外包的实验，委员会仍旧需要对外包的动物实验方案进行审批。如果被外包的单位有实验动物使用和管理委员会，动物实验方案可经过对方批准，本单位委员会有监督的功能。

6.3.11 机构可以根据实际情况设置审批时间。

6.3.12 实验方案通过后，由委员会主席或指定人员发送通知，通知使用部门定购实验动物，开始动物实验。

6.3.13 委员会需编写评审意见或报告、决议。宜将所有的文件（动物实验方案、委员会审批文件及沟通交流文件）保留存档。存档期限为 5 年，或根据各单位情况执行。

注：方案有时可能包含以往未曾遇到过的，或有可能引起无法确切控制疼痛的操作措施。可从文献资料、实验动物医师人员、研究人员及其他对动物实验比较了解的人员处查询。如果对于某种具体操作不是很了解，可以在委员会的监督下，设计探索性研究项目，以评定该种操作对动物的影响。

6.4 内部设施检查

6.4.1 委员会对实验动物设施管理、人员、实验动物、设施硬件、职业健康、生物安全等，每年进行一次全面检查。

6.4.2 检查人宜为委员会主席指派，尽可能全体成员（包括社会成员）参加，且委员会成员每年至少参加1次。

6.4.3 委员参与检查工作的出勤率不宜少于2/3，一般情况不得缺席，有出差或有其他工作任务可以向委员会主席请假。

6.4.4 委员会在检查前确定具体检查时间、检查人、检查方式等，并在检查前提前通知被检查部门安排好工作以便接受检查。

6.4.5 评审检查完毕后，委员会应形成书面报告递交机构负责人。

6.4.6 检查中发现的问题宜在检查后确定专人负责落实，并在之后的委员例会中确认问题的解决进程直到问题解决。

6.4.7 各级领导、上级部门宜积极支持该委员会正常开展工作。

6.5 外部设施检查

6.5.1 委员会应制定检查计划并定期对实验动物、饲料、垫料等的相关供应商进行现场检查。

6.5.2 检查人由委员会主席指定。

6.5.3 检查形式可为现场检查或调查问卷。

6.5.4 检查的结果宜形成书面报告并存档。

6.6 实验方案审批后的监督检查

6.6.1 委员会应持续对审批后的动物使用方案进行监督检查（可以全部跟踪检查，也可酌情抽查）。

6.6.2 监督检查的内容包括：对动物实验方案的执行性进行检查，有无违背实验动物方案，有无违背实验动物福利及伦理。委员会检查的范围包括：对方案中提到的操作进行全部或选择性的跟踪观察；检查人员培训记录；检查是否按照既定的实验方法执行；检查对象包括实验方案涉及的研究人员、饲养员及实验动物医师人员等。

6.6.3 如果实验方案有变更，需要有变更记录并经过委员会审批。

6.6.4 委员会可安排实验动物医师对不良事件中有风险的操作程序进行观察并向委员会汇报。对于某些对动物或实验人员具有危害性的实验，可相应增加检查频率。

6.6.5 检查的结果应形成书面报告并存档。

6.7 现场调查研究

6.7.1 如果使用的饲养场设有委员会，实验可以按照饲养场委员会对实验方案的审批意见进行。

6.7.2 如果使用的饲养场没有委员会，则使用机构的福利伦理委员会应对实验目的、研究对饲养场中的动物种群可能产生的影响做出评估。

6.7.3 进行野外研究的课题负责人员应了解相关的人畜共患病、相关的生物安全问题，以及遵守所有法律或法规。对于上述情况不适用的一些研究，应向委员会详细说明，并由其进行评估。

6.7.4 在现场研究设计过程中，涉及动物的捕捉、镇静、麻醉、外科手术、术后或操作后恢复、保温、运输或安死术等操作时，宜有实验动物医师人员参与。

6.7.5 现场调查研究检查的结果宜形成书面报告并存档。

6.8 其他审查工作

6.8.1 配合单位的其他审查，如接受客户检查、制定灾难应对计划和紧急操作程序。

6.8.2 委员会针对一些可能导致动物实验系统被破坏的灾难制定应对计划及处理方案。应急计划宜包括可能影响实验动物、实验动物设施运行及实验动物操作人员的各个方面，如空调系统停机、停电、停水、火灾、实验动物及人员传染病等。

6.8.3 灾难应对计划的建立宜优先考虑伤病动物种群的需要和实验动物资源的保存。对于一些无法重新安排饲养或无法保护其免受灾害影响的动物，宜实施安乐死术。

6.8.4 机构内宜有必要培训及预演训练，使紧急预案涉及的人员清楚当紧急事件发生后的处理原则。

7 动物实验福利伦理方案的审查要点

7.1 参考引用 GB/T 35892—2018。

7.2 是否有特殊的饲养要求；如有，是否符合实验动物福利要求。

7.3 实验动物保定器械、保定时间；若有，是否符合要求。

7.4 饮食饮水的限制；若有，是否符合要求。

7.4.1 在限制饮食和饮水时，宜密切观察动物以确保食物和饮水的限制不影响实验动物健康达到科学研究的目的，同时保证动物福利摄入达到其营养需求。

7.4.2 如果实施限制饮食和饮水时，需要书面记录每个动物的限食、限水时间，观察实验动物日常饮食和饮水消耗量、脱水状况。

7.5 是否进行无菌手术，手术操作是否符合要求，术后的护理和观察（包括术后治疗或术后动物评估记录）。

7.6 是否为多项活体外科手术操作，在单个动物体实施多项外科手术时，应评定其对动物福利的影响。

7.7 仅仅在下列几种情况下，才允许在单个动物体开展多项大型外科手术：

7.7.1 这类手术是科研课题或方案的主要组成部分；

7.7.2 由课题负责人阐明必须在单个动物体开展多项大型外科手术的科学理由；

7.7.3 为临床诊疗所必需；

7.7.4 某些操作虽然被划分为小型手术，但仍然能引起机体产生术后疼痛或损伤，如果此手术需多次在单个动物体内开展，开展此手术之前，也应提供科学理由。

7.8 疼痛分级的选择，建议使用美国 USDA 实验动物疼痛分级评估。

7.9 镇静、麻醉、镇痛方法及药物使用和措施是否适当。

7.10 不同实验动物采血量是否在规定范围内。

7.11 是否使用生物、化学危险品；如使用，是否有相应的安全措施。

7.12 非医用级别化学药品和物质的使用原则。

7.13 实验和仁慈终点的设定

7.13.1 安死术的判断准则和处理方式：每个实验最终都以实施仁慈终点结束。在某些情况下如实验进行中，实验动物遭受或正在遭受无法减轻的痛苦或不适，有时可能面临死亡，此时宜采用仁慈终点代替实验终点。

7.13.2 仁慈终点方法的选用，由课题负责人、实验动物医师人员和委员会根据实验类型、实验动物不同共同讨论得出，宜在实验开展之前确定。

7.13.3 如果开展一项全新实验，或缺乏仁慈终点的相关信息，宜通过探索性实验的设计和开展鉴定仁慈终点。在此类实验的进行过程中及结束后，研究人员总结经验，宜与委员会及时沟通新建此类项目的仁慈终点并在今后的工作中逐步完善。

7.14 非预期的结果

7.14.1 当一些实验变量可能对动物福利产生意料之外的影响时，宜对动物进行更为频繁的监护，对实验方案进行更为严格的审批。

7.15 废弃物处理

7.15.1 按照《中华人民共和国固体废物污染环境防治法》和《国家危险废物名录》等文件执行。

7.16 对动物实验福利伦理方案的审查不局限于以上要点，可根据每个单位的具体情况而增加要点。

8 有下列情况之一的，不能通过委员会的审查

参见 GB/T 35892—2018 中 8.2 条款执行。

9 对不人道对待动物行为的举报及处理

9.1 单位任何员工如发现任何人有不人道对待动物的行为均可向委员会举报。

9.2 举报方式可采用意见箱等匿名形式或公开的途径（如口头、邮件、会议等）。

9.3 违规行为举例如下（但不局限于所列举行为）:

9.3.1 新员工没有经过培训上岗便从事动物实验操作；

9.3.2 人为对动物造成损害甚至死亡；

9.3.3 未经委员会批准擅自使用、购买动物；

9.3.4 操作与已经批准的实验方案不一致；

9.3.5 实验方案进行明显改动但未经批准已经执行的行为；

9.3.6 按照已经失效的实验方案进行动物实验；

9.3.7 未按照安乐死要求进行实验动物安乐死，并没有对安乐死后的动物进行再次确认；

9.3.8 没有按照实验动物医师要求对动物执行应有的福利和使用。

9.4 对违规行为的处理方法

9.4.1 当违规行为出现，委员会组织相关人员对汇报的违规行为做调查并进行确认，向实验负责人和 IACUC 主席汇报调查结果；对违规人员进行培训。必要时可进一步调查取证、发布通告、中止实验及采取相应的整顿措施。

9.4.2 委员会宜调查所有潜在的违规行为。

9.4.3 将所有违规行为汇报给委员会主席及实验动物医师，由主席与委员会成员一起共同决定是否执行复查。

10 委员会记录

10.1 委员会宜有专人负责文件的收发和档案管理工作，所有文件在项目结束后至少保留5年。国家另有规定的，按照规定办理。

10.2 委员会需要保存的记录（不限于）：

10.2.1 会议纪要；

10.2.2 动物实验方案审批文件；

10.2.3 半年检查记录及报告；

10.2.4 供应商检查报告；

10.2.5 AAALAC 年度报告；

10.2.6 各种外部检查及认证信息。

11 规范性表格

可参照 GB/T 35892—2018 附录 A 执行。也可根据本单位具体情况制定适合于本单位的动物实验方案。

参考文献

王建飞. 2012. 实验动物管理和使用指南. 上海：科学技术出版社.

中国科学技术协会. 2016. 2014—2015 实验动物学学科发展报告. 北京：中国科学技术出版社.

第二篇

实验动物质量控制系列标准

ICS 65.020.30
B 44

中国实验动物学会团体标准

T/CALAS 69—2019

实验动物　东方田鼠配合饲料

Laboratory animals - Nutritional requirements of reed vole

2019-07-10　发布　　　2019-08-10　实施

中国实验动物学会　发布

前　　言

本标准按照 GB/1.1—2009 给出的规则编写。

本标准由中国实验动物学会归口。

本标准由全国实验动物标准化技术委员会（SAC/TC281）技术审查。

本标准由中国实验动物学会实验动物标准化专业委员会提出并组织起草。

本标准起草单位：中南大学、湖南师范大学、湖南中医药大学、长沙海关。

本标准主要起草人：周智君、俞远京、王慷慨、苏志杰、唐连飞、周正适、丁志刚、熊德慧、任凯群、余望贻、余曦明、胡忆文。

实验动物　东方田鼠配合饲料

1　范围

本标准规定了东方田鼠配合饲料的质量与卫生要求、营养成分要求、营养成分测定要求、检测规则，以及标签、包装、储存和运输要求。

本标准适用于东方田鼠配合饲料的质量控制。

2　规范性引用文件

下列文件对于本标准的应用是必不可少的。凡是注明日期的引用文件，仅所注日期的版本适用于本文件。凡是不注日期的引用文件，其最新版本（包括所有的修改单）适用于本文件。

GB 14924.1—2001　《实验动物　配合饲料通用质量标准》
GB 14924.2—2001　《实验动物　配合饲料卫生标准》
GB/T 14924.9　《实验动物　配合饲料常规营养成分的测定》
GB/T 14924.10　《实验动物　配合饲料氨基酸的测定》
GB/T 14924.11　《实验动物　配合饲料维生素的测定》
GB/T 14924.12　《实验动物　配合饲料矿物质和微量元素的测定》
DB43/T 951—2014　《实验东方田鼠饲养与质量控制技术规范》

3　术语与定义

下列术语与定义适用于本标准。

3.1

配合饲料 formula feed

根据饲养东方田鼠的营养需要，将多种饲料原料按饲料配方经工业化生产的均匀混合物。

3.2

生长饲料 growth diet

适用于离乳后处于生长阶段东方田鼠的配合饲料。

3.3

维持饲料 maintenance diet

适用于除生长期、繁殖阶段以外成年东方田鼠的配合饲料。

3.4

繁殖饲料 reproduction diet

适用于妊娠期和哺乳期的雌性东方田鼠的配合饲料。

4 质量与卫生要求

质量要求总原则、饲料原料质量和配合饲料卫生要求应符合 GB 14924.1—2001、GB 14924.2—2001 的规定；无特殊病原体东方田鼠配合饲料应进行高压消毒灭菌或辐射灭菌，以符合其特殊要求。

5 营养成分要求

5.1 常规营养成分指标

东方田鼠配合饲料营养成分应符合表 1 的规定。

表 1 常规营养成分指标

项目	维持	生长	繁殖
水分和其他挥发性物质/%	≤10	≤10	≤10
粗脂肪/%	≥3	≥3	≥3
粗蛋白/%	≥18	≥20	≥22
粗纤维/%	≥10	≥10	≥10
粗灰分/%	≤9	≤9	≤9

5.2 氨基酸指标

东方田鼠配合饲料的必需氨基酸指标应符合表 2 的规定。

表 2 必需氨基酸指标

项目	维持	生长	繁殖
赖氨酸/%	≥0.82	≥1.00	≥1.32
甲硫氨酸+胱氨酸/%	≥0.53	≥0.53	≥0.78
精氨酸/%	≥0.99	≥0.99	≥1.10
组氨酸/%	≥0.34	≥0.34	≥0.40
异亮氨酸/%	≥0.70	≥0.70	≥1.03
亮氨酸/%	≥1.44	≥1.44	≥1.76
色氨酸/%	≥0.24	≥0.24	≥0.28
苯丙氨酸+酪氨酸/%	≥1.10	≥1.50	≥1.35
缬氨酸/%	≥0.72	≥0.72	≥0.80
苏氨酸/%	≥0.65	≥0.65	≥0.75

5.3 维生素指标

东方田鼠配合饲料维生素指标应符合表 3 的规定。

5.4 常量和微量矿物质指标

东方田鼠配合饲料常量和微量矿物质指标应符合表 4 的规定。

表 3　维生素指标（每千克饲料含量）

项目	维持	生长	繁殖
烟酸/mg	≥45	≥50	≥60
泛酸/mg	≥17	≥19	≥24
叶酸/mg	≥4.00	≥4.50	≥6.00
生物素/mg	≥0.10	≥0.10	≥0.20
胆碱/mg	≥1.25	≥1.25	≥1.25
维生素 A/IU	≥7.00	≥10.00	≥14.00
维生素 E/IU	≥50	≥70	≥120
维生素 K/IU	≥3	≥5	≥5
维生素 B_1/IU	≥7	≥10	≥10
维生素 B_2/IU	≥8	≥9	≥9
维生素 B_6/IU	≥6	≥9	≥9

表 4　常量和微量矿物质指标（每千克饲料含量）

项目	维持	生长	繁殖
钙/g	≥10	≥12	≥15
总磷/g	≥6	≥6	≥8
钠/g	≥2.0	≥2.0	≥2.0
镁/g	≥2.0	≥2.0	≥2.0
钾/g	≥6	≥6	≥10
铁/mg	≥100	≥100	≥120
锰/mg	≥75	≥75	≥75
铜/mg	≥10	≥10	≥10
锌/mg	≥30	≥30	≥30
碘/mg	≥0.3	≥0.3	≥0.5
硒/mg	0.1 ~ 0.2	0.1 ~ 0.2	0.1 ~ 0.2

6　营养成分测定要求

东方田鼠配合饲料营养成分、必需氨基酸、维生素、常量和微量矿物质的测定按 GB/T 14924.9、GB/T 14924.10、GB/T 14924.11、GB/T 14924.12 的规定执行。

7　检测规则

检测规则应符合 GB 14924.1 的规定。

8　标签、包装、运输、储存要求

标签、包装、储存和运输要求等应符合 GB 14924.1 的规定。

ICS 65.020.30
B 44

中国实验动物学会团体标准

T/CALAS 70—2019

实验动物　东方田鼠微生物学和寄生虫学等级及监测

Laboratory animals-Microbiological and parasitological standards and monitoring in reed vole

2019-07-10　发布　　　2019-08-01　实施

中国实验动物学会　发布

前　　言

本标准按照 GB/T 1.1—2009 给出的规则编写。

本标准由中国实验动物学会归口。

本标准由全国实验动物标准化技术委员会（SAC/TC281）技术审查。

本标准由中国实验动物学会实验动物标准化专业委员会提出并组织起草。

本标准起草单位：中南大学、长沙海关、湖南师范大学、湖南中医药大学。

本标准主要起草人：周智君、俞远京、王慷慨、唐连飞、苏志杰、周正适、丁志刚、熊德慧、胡忆文、任凯群、余望贻、余曦明。

实验动物　东方田鼠微生物学和寄生虫学等级及监测

1　范围

本标准规定了东方田鼠的微生物学与寄生虫学等级分类、检测要求、检测程序、检测规则、检测方法、结果判定、判定结论等。

本标准适用于东方田鼠微生物学与寄生虫学等级监测。

2　规范性引用文件

下列文件对于本标准的应用是必不可少的。凡是注明日期的引用文件，仅所注日期的版本适用于本标准。凡是不注日期的引用文件，其最新版本（包括所有的修改单）适用于本文件。

GB 19489　《实验室　生物安全通用要求》
GB/T 14926.1　《实验动物　沙门菌检测方法》
GB/T 14926.4　《实验动物　皮肤病原真菌检测方法》
GB/T 14926.5　《实验动物　多杀巴斯德杆菌检测方法》
GB/T 14926.6　《实验动物　支气管鲍特杆菌检测方法》
GB/T 14926.8　《动物实验　支原体检测方法》
GB/T 14926.9　《实验动物　鼠棒状杆菌检测方法》
GB/T 14926.10　《实验动物　泰泽病原体检测方法》
GB/T 14926.12　《实验动物　嗜肺巴斯德杆菌检测方法》
GB/T 14926.13　《实验动物　肺炎克雷伯杆菌检测方法》
GB/T 14926.14　《实验动物　金黄色葡萄球菌检测方法》
GB/T 14926.17　《实验动物　绿脓杆菌检测方法》
GB/T 14926.19　《实验动物　汉坦病毒检测方法》
GB/T 14926.23　《实验动物　仙台病毒检测方法》
GB/T 14926.24　《实验动物　小鼠肺炎病毒检测方法》
GB/T 14926.25　《实验动物　呼肠孤病毒 III 型检测方法》
GB/T 14926.46　《实验动物　钩端螺旋体检测方法》
GB/T 14926.50　《实验动物　酶联免疫吸附试验》
GB/T 14926.52　《实验动物　免疫荧光试验》
GB/T 18448.1　《实验动物　体外寄生虫检测方法》
GB/T 18448.2　《实验动物　弓形虫检测方法》

GB/T 18448.6　　《实验动物　蠕虫检测方法》
GB/T 18448.10　　《实验动物　肠道鞭毛虫和纤毛虫检测方法》
NY/T 541　　《动物疫病实验室检验采样方法》

3 术语和定义

下列术语和定义适用于本标准。

3.1

普通级东方田鼠 conventional（CV）*Microtus fortis*

经人工培育，遗传背景明确或者来源清楚，对其携带的微生物和寄生虫实行控制，不携带所规定的人兽共患病病原和烈性传染病病原，用于科学研究、教学、生产和检定，以及其他科学实验的东方田鼠，简称普通级东方田鼠。

3.2

无特定病原体级东方田鼠 specific pathogen free（SPF）*Microtus fortis*

除普通级东方田鼠应排除的病原外，不携带主要潜在感染或条件致病和对科学实验干扰大的病原的东方田鼠，称无特定病原体级东方田鼠，简称 SPF 级东方田鼠。

4 东方田鼠等级分类

东方田鼠微生物学和寄生虫学等级分为普通级和无特定病原体级。

5 缩略语

IFA：免疫荧光试验
ELISA：酶联免疫吸附试验
PCR：聚合酶链反应
IHA：间接血凝试验
ME：显微镜检查

6 检测要求

6.1　外观指标

外观检查无异常。

6.2　病原微生物和寄生虫检测项目

各等级东方田鼠病原微生物和寄生虫检测项目见表 1。

6.3　检测项目分类

6.3.1　必须检测项目

在进行东方田鼠质量评价时必须检测的项目，要求阴性。必须检测项目用“●”表示。

6.3.2　必要时检测项目

在引进东方田鼠时、怀疑有本病流行时、申请实验动物生产许可证时必须检测的项目。必要时检测项目用“○”表示。

表 1　各等级东方田鼠病原微生物和寄生虫检测项目

动物等级	病原微生物	检测要求
普通级	汉坦病毒 Hantavirus（HV）	●
	致病性沙门菌 *Salmonella* spp.	●
	体外寄生虫（节肢动物） *Ectoparasites*	●
	弓形虫 *Toxoplasma gondii*	●
	钩端螺旋体 *Leptospira*	●
无特定病原体级	支气管鲍特杆菌 *Bordetella bronchiseptica*	●
	多杀性巴斯德杆菌 *Pasteurella multocida*	●
	鼠棒状杆菌 *Corynebacterium kutscheri*	●
	泰泽病原体 *Tyzzer's organism*	●
	支原体 Mycoplasma SP	●
	仙台病毒 Sendai Virus（SV）	●
	嗜肺巴斯德杆菌 *Pasterurella pneumotoropica*	●
	肺炎克雷伯杆菌 *Klebsiella pneumonia*	●
	金黄色葡萄球菌 *Staphylococcus aureus*	●
	绿脓杆菌 *Pseudomonas aeruginosa*	●
	小鼠肺炎病毒 Pneumonia Virus of Mice（PVM）	○
	呼肠孤病毒 III 型 Reovirus type III（Reo-3）	○

●必须检测项目，要求阴性；○必要时检测项目，要求阴性。

7　检测程序

检测程序见图 1。

8　检测规则

8.1　检测频率：每三个月至少检测一次。

8.2　采样

8.2.1　方式

选择成年东方田鼠用于检测，随机取样。

8.2.2　方法

8.2.2.1　按真菌、病毒、细菌与寄生虫要求联合取样。

8.2.2.2　采样方法按照标准 NY/T 541 进行。

8.2.3　数量

根据东方田鼠群体大小，采样数量见表 2。

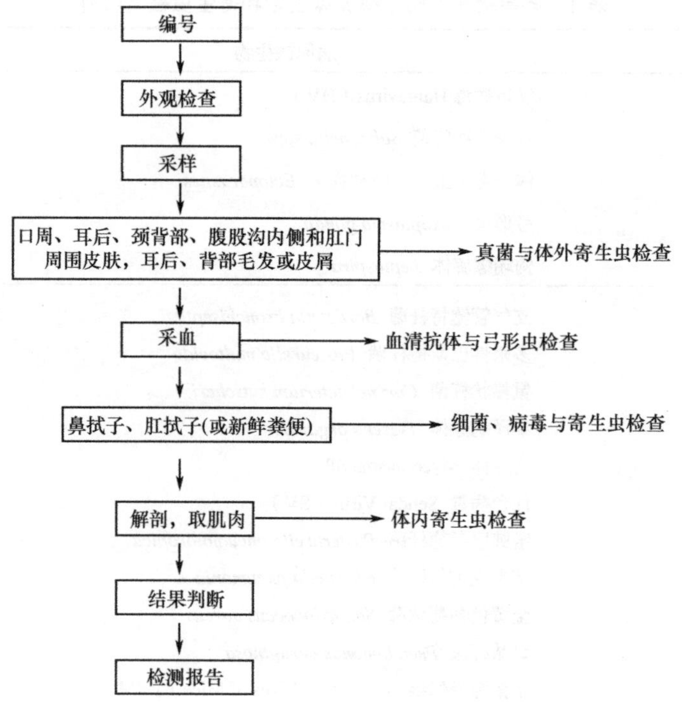

图 1 检测程序

表 2 采样数量 （单位：只）

群体大小	采样数量
＜100	不少于 5
100～500	不少于 10
＞500	不少于 20

注：若样本为血液，每只采样量不少于 1mL。

8.3 送检要求

样本要求有明显标识，安全送达实验室，送检单应写明检品名称、品系、等级、数量及检测项目等内容。样品的处理应符合 GB 19489 的规定。

9 检测方法

9.1 沙门菌按 GB/T 14926.1 的规定进行。

9.2 皮肤病原真菌按 GB/T 14926.4 的规定进行。

9.3 汉坦病毒按 GB/T 14926.19 的规定进行。

9.4 金黄色葡萄球菌按 GB/T 14926.14 的规定进行。

9.5 支气管鲍特杆菌按 GB/T 14926.6 的规定进行。

9.6 多杀性巴斯德杆菌按 GB/T 14926.5 的规定进行。

9.7 支原体按 GB/T 14926.8 的规定进行。

9.8　嗜肺巴斯德杆菌按 GB/T 14926.12 的规定进行。
9.9　肺炎克雷伯杆菌按 GB/T 14926.13 的规定进行。
9.10　绿脓杆菌按 GB/T 14926.17 的规定进行。
9.11　小鼠肺炎病毒按 GB/T 14926.24 的规定进行。
9.12　呼肠孤病毒Ⅲ型按 GB/T 14926.25 的规定进行。
9.13　鼠棒状杆菌按 GB/T 14926.9 的规定进行。
9.14　泰泽病原体按 GB/T 14926.10 的规定进行。
9.15　体外寄生虫按 GB/T 18448.1 的规定进行。
9.16　弓形虫按 GB/T 18448.2 的规定进行。
9.17　蠕虫按 GB/T 18448.6 的规定进行。
9.18　鞭毛虫按 GB/T 18448.10 的规定进行。

10　结果判定

10.1　血清抗体检查：经 ELISA 或 IFA 检测，血清抗体阴性判为合格。
10.2　病原体检查：细菌、真菌经分离培养鉴定，未见病原体判为合格。
10.3　弓形虫抗体检查：经 ELISA 检测，血清抗体阴性判为合格；IHA 试验，将出现血凝“++”（即红细胞部分呈膜状沉着，周围有凝集团点，中央沉点大）时的最高稀释度定为该血凝素的效价。
10.4　体外、体内寄生虫检查：在检测的各等级动物中，经 ME 检查，未见虫体、虫卵，判为合格；凡见到虫体或虫卵，判为不合格。如有一只动物的一项指标不符合该等级标准要求，则判为动物不符合该等级标准。

11　判定结论

按照申报的等级标准，所有项目的检测结果均达到要求，判为合格。如有一只动物的一项指标不符合该等级标准要求，则判为动物不符合该等级标准。

参 考 文 献

刘宗传，王志新. 2011. 东方田鼠微生物和寄生虫携带状况的检测及净化技术初探. 中国媒介生物学及控制杂志，22（5）：456-458.
俞远京，周智君，苏志杰. 2016. 野生东方田鼠的实验动物化及标准的建立. 实验动物科学，33（3）：32-36.

ICS 65.020.30
B 44

中国实验动物学会团体标准

T/CALAS 71—2019

实验动物 无菌猪微生物学和寄生虫学等级及监测

Laboratory animals - Microbiological and parasitological monitoring of germ-free pigs

2019-07-10 发布 2019-08-01 实施

中国实验动物学会 发布

前　言

本标准按照 GB/T 1.1—2009 给出的规则编写。

本标准由中国实验动物学会归口。

本标准由全国实验动物标准化技术委员会（SAC/TC281）技术审查。

本标准由中国实验动物学会实验动物标准化专业委员会提出并组织起草。

本标准起草单位：重庆市畜牧科学院、重庆医科大学。

本标准主要起草人：葛良鹏、孙静、梁浩、刘作华、丁玉春、谭毅。

实验动物　无菌猪微生物学和寄生虫学等级及监测

1　范围

本标准规定了无菌（germ-free，GF）猪微生物学等级检测要求、检测程序、检测方法、检测规则、判定结论、样本保存等。

本标准适用于无菌（GF）猪微生物学等级监测。

2　规范性引用文件

下列文件对于本标准的应用是必不可少的。凡是注明日期的引用文件，仅所注日期的版本适用于本文件。凡是不注日期的引用文件，其最新版本（包括所有的修改单）适用于本文件。

GB 5749　《生活饮用水卫生标准》
GB 14922.1　《实验动物寄生虫学等级及监测》
GB 14922.2　《实验动物微生物学等级及监测》
GB 16551　《猪瘟检疫技术规范》
GB 17013—1997　《包虫病诊断标准及处理原则》
GB/T 18090—2008　《猪繁殖与呼吸综合征诊断方法》
GB/T 18448.1—2001　《实验动物体外寄生虫检测方法》
GB/T 18448.2—2001　《弓形虫检测方法》
GB/T 18448.6—2001　《实验动物蠕虫检测方法》
GB/T 18641　《伪狂犬病诊断技术》
GB/T 18647—2002　《动物球虫病诊断技术》
GB/T 18935—2003　《口蹄疫诊断技术》
GB/T 21674—2008　《猪圆环病毒聚合酶链反应试验方法》
GB/T 22914—2008　《SPF 猪病原的控制与监测》
GB/T 22915—2008　《口蹄疫病毒荧光 RT-PCR 检测方法》
NY/SY 152—2000　《猪细小病毒病诊断技术规程》
NY/T 541　《动物疫病实验室检验采样方法》
NY/T 544—2015　《猪流行性腹泻诊断技术》
NY/T 548—2015　《猪传染性胃肠炎诊断技术》
NY/T 678　《猪伪狂犬病免疫酶试验方法》
NY/T 679　《猪繁殖与呼吸综合征免疫酶试验方法》
NY/T 2840—2015　《猪细小病毒间接 ELISA 抗体检测方法》
SN/T 1379.1—2004　《猪瘟单克隆抗体酶联免疫吸附试验》
SN/T 1396—2015　《弓形虫病检疫技术规范》

3 获取方法

3.1 临产母猪的筛选

怀孕母猪应来源于临床上无经胎盘垂直传播的疾病（即猪瘟、猪繁殖与呼吸综合征、猪伪狂犬病、猪细小病毒病）症状的猪场。选择二胎以上怀孕母猪，并现场采集样本，检测猪瘟、猪繁殖与呼吸综合征、猪伪狂犬病三种疾病：猪瘟为扁桃体活体采样，检测野毒感染情况；猪繁殖与呼吸综合征检查血清抗体；猪伪狂犬病检测感染抗体。

3.2 隔离与再检

三种疾病均为阴性的猪运至隔离舍饲养。30 天后，再次检测上述三种疾病，仍均为阴性，实施剖腹产手术；否则，淘汰待产母猪，并彻底消毒整个可能的污染区。

3.3 剖腹产手术

母猪单笼运至准备间，温水清洗全身、吹干后，推入净化区手术间；经诱导麻醉后，保定于手术台上，消毒体表后，采取吸入式麻醉；术部剃毛、消毒，将整个子宫结扎、剥离，经渡槽消毒并传入含空气高效过滤系统的无菌子宫剥离器内，获取无菌仔猪。

3.4 仔猪的处理、转运与隔离饲养

无菌仔猪在子宫剥离器内复苏后，立即转入与子宫剥离器相连接的无菌猪运输隔离器内，后经脐带结扎等处理，再运入洁净饲养间；将无菌猪运输隔离器与无菌猪饲养隔离器相连，在无菌环境下将仔猪转入无菌猪饲养隔离器内，用灭菌的水、代乳料，人工饲养无菌仔猪。

4 检测标准和指标

4.1 外观指标

实验动物应外观健康、无异常。

4.2 检测标准

4.2.1 采样

将无菌猪隔离器内饮水、饲料、动物肛门拭子、咽拭子或新鲜粪便等分别收集于无菌小试管中，按无菌猪饲养操作程序从无菌猪饲养隔离器中取出。

4.2.2 细菌与真菌检测

利用不同的培养基、不同的培养温度和培养环境对污染无菌猪的微生物进行检测，应无任何可查到的细菌和真菌。

拭子或（和）新鲜粪便样本

将动物拭子或（和）新鲜粪便样本分别接种于大豆酪蛋白琼脂培养基，在（36±1）℃需氧和厌氧条件下培养过夜，观察有无细菌生长。同时，将动物拭子或新鲜粪便样本均匀涂布于洁净载玻片上，经风干、热固定、常规革兰氏染色后，进行微生物镜检。必要时，将无菌猪肠道置于厌氧工作台（0%氧气），无菌条件下取出肠内容物，并接种于脱氧处理后的血琼脂平板上。（36±1）℃下厌氧培养过夜，观察有无细菌生长。

饮水、饲料标本

按无菌操作程序在垂直流洁净工作台中进行标本接种前制备与接种。饲料标本加入少

量无菌生理盐水（以没过标本为宜）于待检样品小试管中，用毛细吸管充分吹打。分别吸取 0.5mL ~ 1mL 样品溶液（饮水标本为原液）于硫乙醇酸钠肉汤（已预先排出溶解氧，溶液呈无色为准）、脑心浸液肉汤和大豆酪蛋白琼脂培养基，分别置于需氧环境和厌氧环境（36 ± 1）℃培养 7 天，并在第 7 天涂片、革兰氏染色镜检，同时接种大豆酪蛋白琼脂培养基，（36 ± 1）℃培养过夜，观察有无细菌生长；另外，样品溶液接种于大豆酪蛋白琼脂培养基，置于 25℃ ~ 28℃需氧环境下培养 7 天，观察有无真菌生长。

4.2.3　病毒检测

病毒指标见表 1。

表 1　无菌猪病毒检测项目

病毒	必须检测项目	必要时检测项目	检测方法
伪狂犬病病毒 pseudorables virus	√		GB/T 18641 或 NY/T 678
狂犬病病毒 rabies virus		√	GB/T 14926.56
猪瘟病毒 classical swine fever virus	√		GB/T 16551；SN/T 1379.1
猪传染性胃肠炎病毒 transmissible gastroenteritis		√	NY/T 548—2015
猪细小病毒 porcine parvovirus	√		NY/T 2840—2015
猪繁殖与呼吸综合征病毒 porcine reproductive and respiratory syndrome	√		GB/T 18090—2008
猪圆环病毒 2 型 porcine circovirus type 2	√		GB/T 21674
口蹄疫病毒 foot and mouth disease virus		√	GB/T 18935；GB/T 22915
猪流行性腹泻病毒 porcine epidemic diarrhea		√	NY/T 544—2015

4.2.4　寄生虫检测

寄生虫指标见表 2。

表 2　无菌猪寄生虫检测项目

寄生虫	必须检测项目	必要时检测项目	检测方法
体外寄生虫 Ectozoa	√		GB/T 18448.1—2001；GB/T 22914—2008
猪蛔虫 *Ascarissuum*		√	GB/T 18448.6—2001
棘手绦虫 *Echinococcus* sp.		√	GB/T 17013—1997
弓形虫 *Toxoplasma gondii*		√	GB/T 18448.2—2001；SN/T 1396

5　检测程序

5.1　检测的动物应于送检当日按细菌、真菌、病毒、寄生虫要求联合取样检查。

5.2　总检测程序（图 1）。

5.3　细菌、真菌检测流程（图 2）。

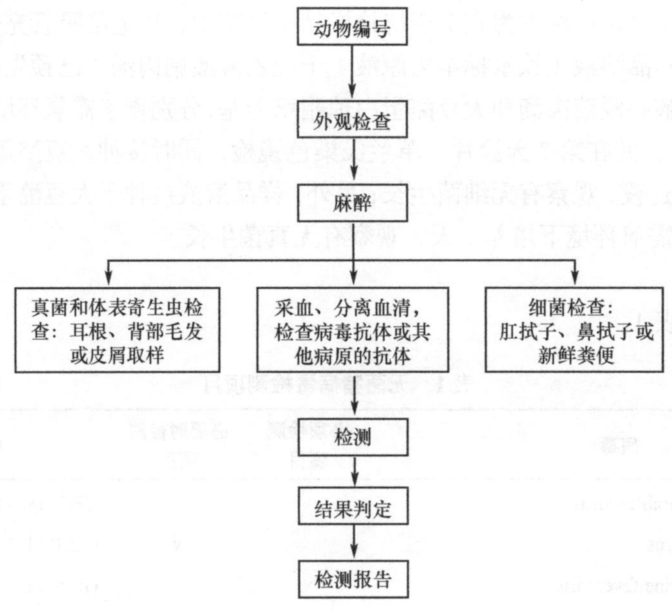

图1 总检测程序

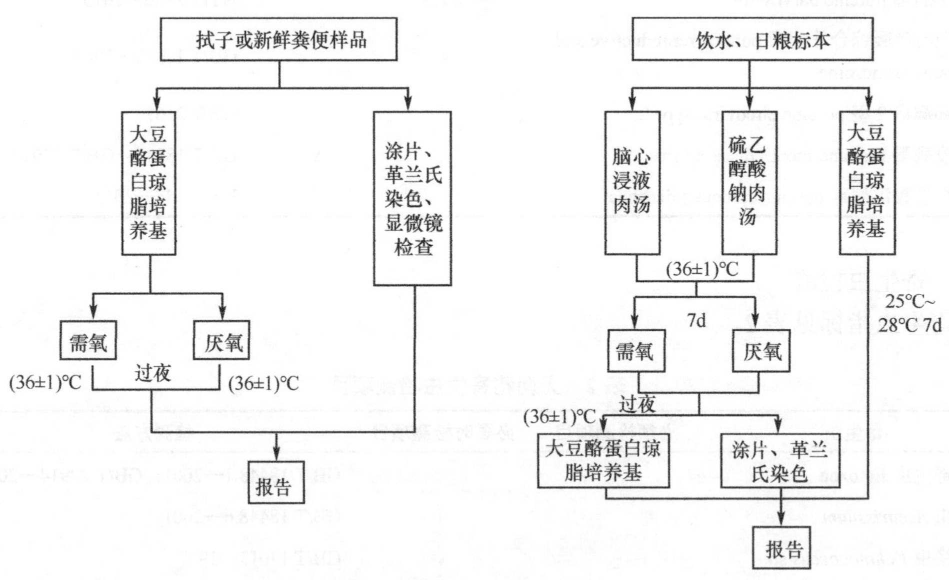

图2 细菌、真菌检测流程

6 检测规则

6.1 检测频率

每半年检测动物一次。每2周～4周检查一次动物的生活环境标本和粪便标本。

6.2 取样要求

6.2.1 选择1月龄及以上的无菌猪用于检测，随机抽样。

6.2.2 取样数量：根据无菌猪群体大小，取样数量见表3。

表 3　取样数量

群体大小/头	取样数量/%
＜50	5
50 ~ 100	3
100 ~ 500	2
＞500	1

6.3　取样、送检

6.3.1　按细菌、真菌、病毒、寄生虫检测要求联合取样。

6.3.2　取样方法按照 NY/T 541 及医学采样程序进行。

6.3.3　无特殊要求时，无菌猪的活体取样可在生产繁殖单元进行。

6.3.4　取样要求编号和标记，包装好，安全送达实验室，并附送检单，写明动物品种品系、数量、取样类型和检测项目。

6.4　检测项目的分类

6.4.1　细菌与真菌检测项目是无菌猪质量评价时必须检测的项目。

6.4.2　必须检测项目：指在无菌猪质量评价时必须检测的病毒和（或）寄生虫项目。

6.4.3　必要时检测项目：指在申请无菌猪动物生产许可证和实验动物质量合格证时必须检测的项目。

7　结果判定

7.1　合格判定

凡镜检未观察到细菌、大豆酪蛋白琼脂培养基上无细菌和真菌生长者，宜报告无菌检查合格，其中一项检出细菌或真菌者为不合格。按各个病毒检测项目结果判定方法判定检测结果：抗体检测项目，血清抗体阴性为合格；抗原和核酸检测项目，未见阳性为合格。各寄生虫检测项目无检出，为合格。

8　判定结论与报告

所有项目的检测结果均合格，判为符合 GF 等级标准；否则，判为不符合 GF 等级标准。根据检测结果，出具报告。

9　样本保存

9.1　样本资料、样本来源、动物编号、样本种类及编号，按医学病理资料档案管理规范保存。保存时间为 1 年。

9.2　检测样本应一式两份，其中一份应保存于液氮罐或–80℃冰箱中，保存器具应标志清晰，符合病理标本保存规范。

参考文献

杜蕾，孙静，葛良鹏，等. 2016. 无菌猪的研究进展. 中国实验动物学报，24（5）：546-550.

杜蕾，孙静，葛良鹏，等. 2017. 肠道菌群对动物免疫系统早期发育的影响. 中国畜牧杂志，53（6）：10-14.

孙静，杜蕾，丁玉春，等. 2017. 无菌猪的制备与微生物质量控制. 中国实验动物学报，25（6）：699-702.

Brady M J，Radhakrishnan P，Liu H，et al. 2011. Enhanced actin pedestal formation by enterohemorrhagic Escherichia coli O157：H7 adapted to the mammalian host. Frontiers in Microbiology，2：226.

Guilloteau P，Zabielski R，Hammon H M，et al. 2010. Nutritional programming of gastrointestinal tract development. Is the pig a good model for man? Nutrition Research Reviews，23（1）：4-22.

Meurens F，Summerfield A，Nauwynck H，et al. 2012. The pig：a model for human infectious diseases. Trends in Microbiology，20（1）：50-57.

Odle J，Lin X，Jacobi S K，et al. 2014. The suckling piglet as an agrimedical model for the study of pediatric nutrition and metabolism. Annual Review of Animal Biosciences，2：419-444.

Steele J，Feng H，Parry N，et al. 2010. Piglet models of acute or chronic clostridium difficile illness. The Journal of Infectious Diseases，201（3）：428-434.

Wang M，Donovan S M. 2015. Human microbiota-associated swine：current progress and future opportunities. ILAR Journal，56（1）：63-73.

Wu J，Platero-Luengo A，Sakurai M，et al. 2017. Interspecies chimerism with mammalian pluripotent stem cells. Cell，168（3）：473-486 e15.

第三篇

实验动物检测方法系列标准

ICS 65.020.30
B 44

中国实验动物学会团体标准

T/CALAS 66—2019

实验动物　猫细小病毒检测方法

Laboratory animals - Method for examination of feline parvovirus

2019-07-10 发布　　2019-08-01 实施

中国实验动物学会　发布

前　言

本标准按照 GB/T 1.1—2009 给出的规则编写。

本标准附录为资料性附录。

本标准由中国实验动物学会归口。

本标准由全国实验动物标准化技术委员会（SAC/TC281）技术审查。

本标准由中国实验动物学会实验动物标准化专业委员会提出并组织起草。

本标准起草单位：中国农业科学院哈尔滨兽医研究所。

本标准主要起草人：曲连东、刘家森、姜骞、郭东春、杨鸣发、康洪涛、李志杰、胡晓亮、刘明、田进。

实验动物　猫细小病毒检测方法

1　范围

本标准规定了实验动物猫细小病毒的检测方法。

本标准适用于猫细小病毒的检测。

2　规范性引用文件

下列文件对于本标准的应用是必不可少的。凡是注明日期的引用文件，仅所注日期的版本适用于本文件。凡是不注日期的引用文件，其最新版本（包括所有的修改单）适用于本文件。

GB/T 6682　分析实验室用水规格和试验方法

NY/T 541　兽医诊断样品采集、保存和运输技术规范

3　病毒的分离

3.1　主要仪器与试剂

3.1.1　仪器

3.1.1.1　二氧化碳培养箱

3.1.1.2　离心机

3.1.1.3　组织研磨器械

3.1.1.4　倒置显微镜

3.1.1.5　微量加样器

3.1.2　耗材

3.1.2.1　吸管

3.1.2.2　孔径 0.22μm 滤器

3.1.2.3　注射器

3.1.2.4　细胞培养瓶

3.1.3　试剂

3.1.3.1　CRFK 细胞 [feline（*Felis catus*）renal cell]

3.1.3.2　MEM 培养基（minimum essential media）

3.1.3.3　新生牛血清

3.1.3.4　胰酶

3.1.3.5　无菌 PBS

3.1.3.6　实验用水应符合 GB/T 6682 要求。

3.2 操作步骤

3.2.1 样品处理

取直肠棉拭子、新鲜粪便，加10倍体积的无菌PBS，混合振荡，5000*g*离心30min，吸取离心上清，经0.22μm滤器过滤，–20℃保存备用。取肠组织，加10倍体积的无菌PBS匀浆研磨制成悬液，研磨过程中冻融3次，5000*g*离心30min，吸取离心上清，经0.22μm滤器过滤，–20℃保存备用。样品的采集可参考NY/T 541。

3.2.2 病毒接种

用含 8%新生牛血清的 MEM 培养基，在细胞培养瓶培养 CRFK 细胞。待长满单层的细胞，经无菌 PBS 清洗 2 ~ 3 次，加入胰酶消化细胞，再加入含 8%新生牛血清的 MEM 培养基吹打细胞，分瓶传代培养。分瓶传代细胞悬液中，按 1∶20 比例（*V*∶*V*）分别接入经处理后的病料上清，置于 37℃、5% CO_2 培养箱中培养，每天观察细胞病变（CPE）的出现情况。未出现 CPE 则继续盲传到第三代，记录细胞病变情况，并将第三代培养物保存于–20℃。出现 CPE，则继续增殖传代到第三代，将培养物保存于–20℃。

3.3 结果判定

若接入的 CRFK 细胞中未出现细胞病变，则判定病毒分离阴性；若 CRFK 细胞出现病变，则初步判定病毒分离阳性。

4 PCR 方法

4.1 主要仪器与试剂

4.1.1 仪器

4.1.1.1 PCR 仪

4.1.1.2 离心机

4.1.1.3 组织研磨器械

4.1.1.4 微量加样器

4.1.1.5 水平电泳仪

4.1.1.6 凝胶成像系统

4.1.2 耗材

4.1.2.1 吸管

4.1.2.2 PCR 管

4.1.3 试剂

4.1.3.1 引物

上游引物：5'-TGGTTCTGGGGGTGTGGG-3'；

下游引物：5'-GCTGCTGGAGTAAATGGC-3'。

扩增产物为468bp。配制成20pmol/μL，–20℃储存。

4.1.3.2 病毒 DNA 提取试剂盒

4.1.3.3 电泳缓冲液

5×TBE 缓冲液（附录A.1），使用时用去离子水稀释成1×TBE 缓冲液。

4.1.3.4 1%琼脂糖凝胶（附录A.2）

4.2 操作步骤

4.2.1 样品处理

取直肠棉拭子、新鲜粪便，加入0.5mL生理盐水，振荡混匀，5000*g*离心2min，取上清液备用；全血样品，抗凝血经5000*g*离心2min，取上清液备用；肠组织样品，称取0.05g于研磨器中加入1.0mL生理盐水研磨，匀浆经5000*g*离心2min，取上清液备用；细胞培养物，反复冻融3次后，经5000*g*离心2min，取上清液备用。

4.2.2 DNA 提取

取待检样品、猫细小病毒阳性样品和阴性样品各0.2mL，经商业化病毒DNA提取试剂盒提取DNA。

4.2.3 PCR 扩增

在PCR反应管中分别加入灭菌ddH_2O 7μL、2×*Taq* PCR Mix 10μL、上下游引物（20pmol/μL）各0.5μL、模板2μL，共20μL PCR扩增体系。

PCR反应条件：95℃预变性5min；95℃变性30s，50℃延伸30s，72℃延伸30s，共进行30个循环；最后72℃延伸7min，4℃保存。

4.2.4 PCR 产物分析

制备1%琼脂糖凝胶板（附录A.1），置于电泳槽中，加入电泳液至刚刚没过凝胶。取20μL PCR产物与4μL 6×上样缓冲液混合，加入琼脂糖凝胶板的加样孔中，同时加入DNA分子质量标准。插好电极，打开电泳仪，5V/cm恒压下电泳30min，当示踪剂到达底部时停止电泳。用紫外凝胶成像系统在302nm波长的紫外光下观察，并对图片拍照、存档。用分子质量标准比较判断PCR片段大小。

4.3 结果判定

4.3.1 PCR 检测，猫细小病毒阳性对照样品可扩增出大小为 468bp 的核酸片段，且阴性对照样品无扩增条带，否则试验结果视为无效。

4.3.2 在符合 4.3.1 的条件下，若待检样品扩增出了大小为 468bp 的核酸片段，则初步判定猫细小病毒核酸阳性；若待检样品无扩增条带或扩增条带大小不是 468bp，则判定猫细小病毒核酸阴性。

4.3.3 待检样品扩增出的阳性基因片段应进行核酸序列测定，若其序列与提供的比对序列（附录 B）的同源性大于或等于 90%，则可判定为猫细小病毒核酸阳性，否则判定猫细小病毒核酸阴性。

附 录 A

（资料性附录）

试剂的配制

A.1 5×TBE 缓冲液

二水乙二铵四乙酸二钠（$Na_2EDTA \cdot 2H_2O$）	3.72g
三羟甲基氨基甲烷（Tris）	54g
硼酸	27.5g
灭菌去离子水	加至1L

2℃～8℃保存

A.2 1%琼脂糖凝胶

琼脂糖	1.0g
0.5×TBE电泳缓冲液	加至100mL

微波炉中完全融化，待冷至50℃～60℃时，加溴化乙锭（EB）溶液15μL，摇匀，倒入电泳板上，凝固后取下梳子，备用。

附　录　B

（资料性附录）

参 考 序 列

TGGTTCTGGGGGTGTGGGGATTTCTACGGGTACTTTCAATAATCAGACGGAATTTAAATTTT
TGGAAAACGGATGGGTGGAAATCACAGCAAACTCAAGCAGACTTGTACATTTAAATATGCC
AGAAAGTGAAAATTATAAAAGAGTAGTTGTAAATAATATGGATAAAACTGCAGTTAAAGGA
AACATGGCTTTAGATGATACTCATGTACAAATTGTAACACCTTGGTCATTGGTTGATGCAAA
TGCTTGGGGAGTTTGGTTTAATCCAGGAGATTGGCAACTAATTGTTAATACTATGAGTGAGT
TGCATTTAGTTAGTTTTGAACAAGAAATTTTTAATGTTGTTTTAAAGACTGTTTCAGAATCTG
CTACTCAACCACCAACTAAAGTTTATAATAATGATTTAACTGCATCATTGATGGTTGCATTAG
ATAGTAATAATACTATGCCATTTACTCCAGCAGC

ICS 65.020.30
B 44

中国实验动物学会团体标准

T/CALAS 67—2019

实验动物　犬瘟热病毒检测方法

Laboratory animals - Detection method for canine distemper virus

2019-07-10　发布　　2019-08-01　实施

中国实验动物学会　发布

前　　言

本标准按照 GB/T 1.1—2009 给出的规则编写。

本标准附录为规范性附录。

本标准由中国实验动物学会归口。

本标准由全国实验动物标准化技术委员会（SAC/TC281）技术审查。

本标准由中国实验动物学会实验动物标准化专业委员会提出并组织起草。

本标准起草单位：中国农业科学院特产研究所、中国农业科学院哈尔滨兽医研究所。

本标准主要起草人：史宁、胡博、王洋、闫喜军、韩凌霞、陈洪岩。

实验动物　犬瘟热病毒检测方法

1　范围

本标准规定了实验动物犬瘟热病毒的检疫技术规范，包括犬瘟热病毒的间接免疫荧光技术、PCR 检测和实时荧光定量 PCR 检测方法。

本标准适用于实验动物犬瘟热病毒的间接免疫荧光检测技术、PCR 检测和实时荧光定量 PCR 检测。

2　规范性引用文件

下列文件对于本标准的应用是必不可少的。凡是注明日期的引用文件，仅所注日期的版本适用于本文件。凡是不注日期的引用文件，其最新版本（包括所有的修改单）适用于本文件。

中华人民共和国农业部公告第 302 号 兽医实验室生物安全技术管理规范

3　术语和定义

以下术语和定义适用于本标准。

3.1

犬瘟热病毒 Canine Distemper Virus，CDV

属于副黏病毒科麻疹病毒属，可引起犬科、鼬科等出现发热、流泪、流鼻涕、呕吐、腹泻等症状。

3.2

Ct 值 Ct value

达到阈值的循环数（cycle threshold）。

4　主要仪器与试剂

4.1　试剂和材料

除非另有说明，在检测中所有试剂均为分析纯；所有试剂均用无 RNA 酶的容器分装。

4.1.1　Trizol：RNA 抽提试剂。

4.1.2　氯仿：常温保存。

4.1.3　异丙醇：常温保存。

4.1.4　DEPC 水：去离子水中加入 0.1%焦碳酸二乙酯（DEPC），37℃作用 1 h，（121 ± 2）℃，高压灭菌 15min。

4.1.5　75%乙醇：用新开启的无水乙醇和 DEPC 水配制，使用前–20℃预冷。

4.1.6　RNA 酶抑制剂（30 U/μL）。

4.1.7 2×PCR buffer(2mmol/L pH 8.3 Tris-HCl, 10mmol/L KCl, 0.5mmol/L dNTP, 0.3mmol/L $MgCl_2$)。

4.1.8 用于PCR及RT-PCR反应的引物浓度为10μmol/L，探针浓度为5μmol/L，其序列如下：

PCR-F：5′-GCTCAGCTAGTGTCAGAAATAG-3′

PCR-R：5′-TGATTCATCGAGATCCTGAGA-3′

RT-F：5′-TGGGAATATTTGGGGCAACA-3′

RT-R：5′-ATGAACCCACGGTGATTTGTTAT-3′

TaqMan 探针 P：5′-HEX-CAAGTTGAAGAGGTGATAC-MGB-3′

4.1.9 反转录酶：Superscript Ⅲ反转录酶（200U/μL）

4.1.10 DNA聚合酶：HS *Taq* DNA聚合酶（5U/μL）

4.2 仪器

4.2.1 高速台式冷冻离心机：最大离心力可达12 000*g*。

4.2.2 超低温冰箱。

4.2.3 荧光PCR检测仪。

4.2.4 组织匀浆器。

4.2.5 微量移液器。

5 样品的采集

5.1 采样注意事项

采样及样品前处理过程中须戴一次性手套，样本不得交叉污染。

5.2 采样方法

5.2.1 活体样品

采集被检存活犬的眼、鼻、肛拭子样本，置于离心管中，加入适量1×生理盐水，振荡混匀，室温3000*g*离心5min；取上清液转入离心管中编号备用。

5.2.2 内脏样品

采集100g病死犬的脏器（肠系淋巴结、肺脏、气管），装入无菌一次性样品收集袋或其他灭菌容器，编号，送实验室。取50mg～100mg待检样品，加入5倍体积（*m*:*V*）的DEPC水，于研钵或组织匀浆器中充分研磨，3000*g*离心15min，取上清液转入离心管中编号备用。

5.2.3 抗凝血

无菌注射器采血，注入EDTA抗凝管中，充分混匀后编号备用。

5.3 存放与运送

采集或处理的样品在2℃～8℃条件下保存应不超过24h；若需长期保存，应在超低温状态下保存，避免反复冻融（不超过3次）。采集的样品密封后，应采用冷链运输，在6h～8h之内运送到实验室。按照《兽医实验室生物安全技术管理规范》进行样品的生物安全标识。

6 间接免疫荧光技术

6.1 样品处理

血液涂片：无菌采取适量经PCR检测CDV阳性的犬静脉末端血，直接涂片，室温条件下自然干燥。

组织涂片：无菌采集适量经 PCR 检测 CDV 阳性的死亡动物脏器组织，制成涂片。

6.2 操作方法

将血液涂片、组织涂片用–20℃预冷的丙酮固定 10min，然后用 PBS 浸泡 5min，置于 37℃、40min，干燥。滴加稀释成适当工作浓度的 CDV 单克隆抗体，置于 37℃、30min。PBS 漂洗 3 次，每次 5min；再用蒸馏水浸泡 1min，自然干燥或风干。滴加稀释成适当工作浓度的免疫荧光抗体，37℃平放湿盒中 30min，取出。PBS 漂洗 3 次，每次 5min；再用蒸馏水浸泡 1min，脱盐。吹干后，用盖玻片及碳酸缓冲甘油封好载玻片。立即用荧光显微镜观察。测定待检样品时，每次试验同时设病毒对照和阴性对照。

6.3 结果判定

病毒对照的单个或成团细胞的细胞质内出现弥漫或颗粒型的特异性苹果绿色荧光信号，阴性对照无特异性苹果绿色荧光信号，则试验成立，可进行结果判定。

疑似样品载玻片，单个或成团细胞的细胞质内出现弥漫或颗粒型的特异性苹果绿色荧光信号，细胞核染成暗黑色，判为阳性。

疑似样品载玻片，单个或成团细胞的细胞质染成橘红色或无特异性暗黄色，无特异性苹果绿色荧光信号，细胞核呈暗黑色，判为阴性。

7 PCR 检测

7.1 核酸提取

按照 RNA 提取试剂盒说明书，提取样品和对照的 RNA。提取的 RNA 应立即进行检测，否则应于超低温保存。

7.2 扩增体系的配制

按表 1 所示配制每个样本的测试反应体系，配制完毕的反应液应尽量避免产生气泡，盖紧盖，瞬时离心，放入 PCR 检测仪内。

表 1　样品反应体系配制表

体系组分	用量
2×PCR buffer	10.0μL
PCR-F、PCR-R	各 1μL
RNA	2.0μL
Superscript Ⅲ反转录酶	0.5μL
Taq DNA 聚合酶	0.5μL
水	5μL
总量	20μL

7.3 PCR 扩增

将 7.2 中离心后的 PCR 管放入 PCR 检测仪内，记录样品摆放顺序。设定反应条件：①反转录：50℃、20min；②预变性：95℃、5min；③PCR 扩增：95℃、30s，52℃、30s，

72℃、45s，35 个循环；④延伸：72℃、10min。

7.4 结果判定

7.4.1 质控标准

7.4.1.1 阴性对照无扩增条带。

7.4.1.2 阳性对照可扩增出大小为 712bp 的核酸条带。

7.4.2 结果描述及判定

在符合质控标准的前提下，待检测样品扩增出大小为 712bp 的核酸片段，则初步判定犬瘟热病毒核酸阳性；若待检样品无扩增条带或扩增条带大小不为 712bp，则判定犬瘟热病毒核酸阴性。

8 实时荧光 RT-PCR 检测

8.1 扩增体系的配制

按表 2 所示配制每个样本的测试反应体系，配制完毕的反应液应尽量避免产生气泡，盖紧盖，瞬时离心，放入荧光 PCR 检测仪内。

表 2 样品反应体系配制表

体系组分	用量
2×PCR buffer	10.0μL
上、下游引物	各 0.4μL
RNA	2.0μL
探针 P	0.4μL
Superscript Ⅲ反转录酶	0.4μL
HS *Taq* DNA 聚合酶	0.5μL
水	5.9μL
总量	20μL

8.2 荧光 RT-PCR 扩增

将 8.1 中离心后的 PCR 管放入荧光 PCR 检测仪内，记录样品摆放顺序。设定反应条件：①反转录：50℃、20min；②预变性：95℃、30s；③PCR 扩增：95℃、5s，55℃、15s，72℃、10s，40 个循环。

8.3 结果判定

8.3.1 阈值设定

试验检测结束后，根据收集的荧光曲线和 Ct 值直接读取检测结果，Ct 值为每个反应管内的荧光信号达到设定的阈值时所经历的循环数。阈值设定原则根据仪器噪声情况进行调整，以阈值线刚好超过正常阴性样品扩增曲线的最高点为准。

8.3.2 质控标准

8.3.2.1 阴性对照无 Ct 值，且无典型扩增曲线。

8.3.2.2 阳性对照的 Ct 值应<30.0，并出现典型的扩增曲线。

8.3.3　结果描述及判定

8.3.3.1　阴性

无 Ct 值并且无典型的扩增曲线，表示样品中无 CDV 核酸。

8.3.3.2　阳性

Ct 值≤34.0，且出现典型的扩增曲线，表示样品中存在 CDV 核酸。

8.3.3.3　可疑

Ct 值>34.0,且出现典型扩增曲线的样本建议重复试验,重复试验结果出现 Ct 值≤34.0 和典型扩增曲线者为阳性，否则为阴性。

ICS 65.020.30
B 44

中国实验动物学会团体标准

T/CALAS 68—2019

实验动物　犬腺病毒检测方法

Laboratory animals - Detection method for canine adenovirus of canine

2019-07-10　发布　　　　2019-08-01　实施

中国实验动物学会　发布

前　　言

本标准按照 GB/T 1.1—2009 给出的规则编写。

本标准由中国实验动物学会归口。

本标准由全国实验动物标准化技术委员会（SAC/TC281）技术审查。

本标准由中国实验动物学会实验动物标准化专业委员会提出并组织起草。

本标准起草单位：中国农业科学院哈尔滨兽医研究所、中国农业科学院特产研究所、中国人民解放军军事医学科学院军事兽医研究所、公安部南昌警犬基地。

本标准主要起草人：韩凌霞、胡博、史宁、扈荣良、刘占斌、陈洪岩、叶俊华。

实验动物　犬腺病毒检测方法

1　范围

本标准规定了实验动物犬腺病毒的检测方法。

本标准适用于犬腺病毒 I 型和 II 型的 PCR 鉴别检测，以及利用标准腺病毒 I 型接种犬肾细胞系（MDCK）后血清中犬腺病毒特异性抗体的间接免疫荧光检测。

2　术语和定义

2.1

犬腺病毒 I 型　Canine Adenovirus Type-1，CAV-1

属腺病毒科哺乳动物腺病毒属，可引起犬的急性、败血性传染性肝炎。

2.2

犬腺病毒 II 型　Canine Adenovirus Type-1，CAV-2

属腺病毒科哺乳动物腺病毒属，可引起犬的呼吸道炎症。

3　样品处理

3.1　PCR 检测样品的提取（包括咽拭子、鼻拭子、肛拭子）

将放置有拭子样品的1.5mL EP管，加入适量体积的0.1mol/L（pH7.2～7.6）磷酸盐缓冲液（PBS）或0.9%生理盐水，拭子充分浸透后，将拭子尽力挤压管壁或充分振荡。弃掉拭子，5000r/min离心5min，取上清，–80℃备存，或立即进入下一步骤。

3.2　血清

采集被检测犬的血液，常规方法制备血清。–20℃备存。

4　PCR 检测

4.1　引物

针对CAV的E3区基因设计引物，CAV-2比CAV-1缺失500bp的片段。

P1：5′-CGCGCTGAACATTACTACCTTGTC-3′；

P2：5′-CCTAGAGCACTTCGTGTCCGCTT-3′。

4.2　基因组 DNA 提取

按照商品化的基因组DNA提取试剂盒说明书，提取样品中的基因组DNA。提取的DNA，质量和浓度检测合格后，作为PCR检测反应模板，立即进行检测，或于–20℃低温保存。

4.3　PCR 反应

PCR反应体系：模板1μL，DNA聚合酶10μL，P1和P2（10μmol/L）各1μL，ddH$_2$O 7μL。反应条件为：95℃ 5 min；94℃ 30 s，62℃ 30 s，72℃ 70 s，35个循环；72℃ 10 min。设立

阳性对照和阴性对照，阳性对照为含有CAV-1 E3区的重组质粒，或含CAV-1基因组的DNA样品，阴性对照为无菌水。

4.4 电泳

反应结束后，取5μL PCR产物与上样缓冲液混合，以乙酸盐缓冲液为电泳缓冲液，于1%的琼脂糖凝胶中电泳。同时以包含500bp和1000bp大小的适合的DNA分子质量标准物为参照。150V恒压电泳25min，紫外灯下观察。

4.5 结果判定

在对照成立的前提下，被检样品仅在508bp处出现一条特异的条带，判定被检样品中可能含有CAV-1核酸；被检样品仅在1030bp处出现一条特异的条带，判定被检样品中可能含有CAV-2核酸；被检样品同时在508bp和1030bp处各出现一条特异的条带，判定被检样品中同时含有CAV-1和CAV-2核酸；若无条带出现，则样品中CAV-1和CAV-2核酸阴性。必要时，对扩增产物进行序列测定验证。

5 间接免疫荧光检测（IFA）

5.1 接种 MDCK 细胞

将犬肾细胞系（MDCK）接种在 96 孔细胞培养板上，在 37℃和 5%二氧化碳环境中培养至 80%，标准 CAV-1 病毒接种 MDCK 细胞，37℃感作 90 min。更换培养基为含 2%新生牛血清的 DMEM 培养基维持培养，72 h 后，若特异性病变细胞达 60%，停止培养。

5.2 IFA 检测

将出现病变达 60%的细胞，弃培养液，沿孔壁缓慢加入 PBS，静置漂洗细胞，漂洗 2 次。加入 33%丙酮水溶液，室温固定 15min。弃去固定液，同法用 PBS 漂洗细胞。加入 50μL 被检犬血清，37℃孵育 45min。PBS 漂洗细胞 2 次，每次 10min。加入 50μL FITC 标记兔抗犬 IgG，37℃孵育 30 min。同上漂洗。置荧光显微镜下观察。设 PBS 为一抗的阴性对照。

5.3 结果判定

在 CAV-1 阳性犬血清可见清晰的绿色荧光颗粒，在 PBS 对照中无荧光的前提下，结果成立。待检血清与病毒接种细胞出现特异性的绿色荧光，则判定被检犬有 CAV-1 或 CAV-2 感染史。

6 判定

PCR 结果为 CAV-1 阳性、IFA 结果阳性时，判定被检犬为有 CAV-1 感染史，且正在感染；PCR 结果为 CAV-2 阳性、IFA 结果阳性时，判定被检犬为有 CAV-2 感染史，且正在感染；PCR 结果为阴性、IFA 结果为阳性时，判定被检犬有 CAV-1 和（或）CAV-2 感染史。

第四篇

实验动物产品系列标准

ICS 65.020.30

B 44

中国实验动物学会团体标准

T/CALAS 65—2019

实验动物　热回收净化空调机组

Laboratory animals - Energy recovery clean air conditioning unit

2019-07-10 发布　　　　2019-08-01 实施

中国实验动物学会　发布

前　　言

本标准按照 GB/T 1.1—2009 给出的规则编写。

本标准由中国实验动物学会归口。

本标准由全国实验动物标准化技术委员会（SAC/TC281）技术审查。

本标准由中国实验动物学会实验动物标准化专业委员会提出并组织起草。

本标准起草单位：中国建筑科学研究院有限公司、中国医学科学院医学实验动物研究所、北京大学、中国合格评定国家认可委员会、清华大学、北京华创瑞风空调科技有限公司。

本标准主要起草人：吴伟伟、秦川、张彦国、王荣、刘云波、刘江宁、朱德生、王福林、仇丽娉、田小虎、刘春砚、范东叶、王博雅、孙国勋、黄发洲、张婷。

实验动物　热回收净化空调机组

1　范围

本标准规定了实验动物热回收净化空调机组的分类、标记、技术和性能要求、试验、检验规则、包装、运输和储存的基本内容等。

本标准适用于实验动物屏障环境设施中的热回收净化空调机组。

2　规范性引用文件

下列文件对于本标准的应用是必不可少的。凡是注明日期的引用文件，仅所注日期的版本适用于本文件。凡是不注日期的引用文件，其最新版本（包括所有的修改单）适用于本文件。

GB/T 14294—2008　《组合式空调机组》

GB/T 14295　《空气过滤器》

GB/T 21087—2007　《空气-空气能量热回收装置》

3　术语与定义

下列术语与定义适用于本标准。

3.1

热回收净化空调机组　energy recovery clean air conditioning unit

应用热回收装置实现空气能量回收且满足洁净要求的空气处理设备。

3.2

显热交换装置　sensible heat exchange equipment

新风与排风之间只产生显热交换的装置。

3.3

温度交换效率　temperature exchange effectiveness

对应风量下，新风进、出口温差与新风进口、排风出口温差之比，以百分数表示。

3.4

焓交换效率　enthalpy exchange effectiveness

对应风量下，新风进、出口焓差与新风进口、排风出口焓差之比，以百分数表示。

3.5

溶液吸收式热回收装置　absorption energy recovery equipment

利用吸湿溶液作为媒介，通过在新风和排风之间的循环流动实现能量回收的装置。

4 分类和标记

4.1 分类

4.1.1 按结构型式分

卧式（W）

立式（L）

吊顶式（D）

其他（Q）

4.1.2 按换热类型分

全热型（QR）

显热型（XR）

4.1.3 按额定风量分

按额定风量不同，机组可分为多种规格，规格代号见表1。

表1 额定风量规格对照表

规格代号	1	2	3	4	5	6	7	8
额定风量/（m³/h）	1 000	2 000	3 000	4 000	5 000	6 000	7 000	8 000
规格代号	10	15	20	25	30	40	50	60
额定风量/（m³/h）	10 000	15 000	20 000	25 000	30 000	40 000	50 000	60 000

4.2 标记

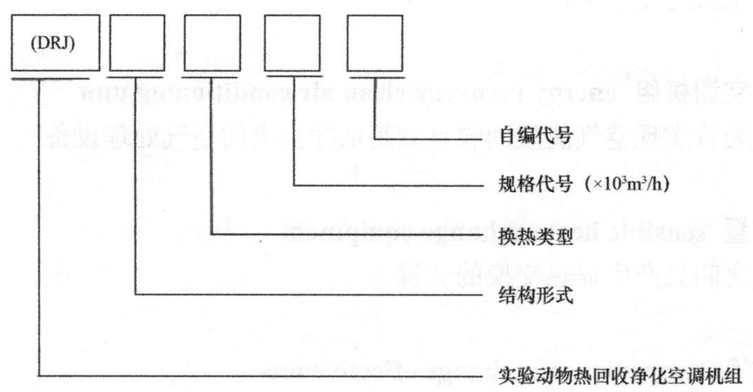

示例：

DRJ W XR 2

表示卧式显热换热热回收净化空调机组，额定风量2000m³/h。

5 技术要求

5.1 一般要求

5.1.1 实验动物用热回收净化空调机组的整体内壁应光洁，不易滋菌。宜采用不易滋菌材料制作。

5.1.2　实验动物用热回收净化空调机组应采取可靠措施避免新、排风交叉污染。

5.1.3　实验动物用热回收净化空调机组各功能段的设置不但应保证空气的热湿处理要求，还必须防止机组内部积尘滋菌，保证所输送的空气满足卫生要求。

5.1.4　实验动物用热回收净化空调机组的空气过滤材料应有良好的过滤性能，并且无毒、无异味、不吸水、抗菌，且应有足够的强度。

5.2　空调机组零、部件

5.2.1　实验动物用热回收净化空调机组各零部件应防锈、耐消毒物品腐蚀，不易积尘滋菌。

5.2.2　实验动物用热回收净化空调机组需配置加湿器时，所用加湿介质应符合卫生要求，且加湿器本身不易滋生细菌。

5.2.3　实验动物用热回收净化空调机组不应选用产生污染的材料。

5.3　过滤段

5.3.1　实验动物用热回收净化空调机组至少应设置粗、中两级空气过滤，粗效过滤器应设置在新风口。

5.3.2　全新风系统宜在表冷器前设置保护用的中效过滤器。

5.4　热回收装置

5.4.1　热回收交换效率应符合表 2 的规定。

表 2　热回收交换效率要求

类型	效率要求/%	
	制冷	制热
温度交换效率	>65	>70
焓交换效率	>55	>60

注：按《空气-空气能量回收装置》GB/T 21087—2007 中表 3 规定工况，且新、排风量相等的条件下测量效率。温度效率适用于显热回收，焓效率适用于全热回收。

5.4.2　实验动物用热回收净化空调机组换热效率应进行现场实测，实测温度交换效率不宜低于 60%，实测焓交换效率不宜低于 50%。

5.4.3　热回收装置换热时，其断面风速宜符合表 3 的规定。

表 3　热回收装置的断面风速

热回收装置形式	板式	板翅式	热管式	液体循环式
断面风速/（m/s）	1.0 ~ 3.0	1.0 ~ 3.0	1.0 ~ 3.0	1.5 ~ 3.0

5.4.4　实验动物用热回收净化空调机组应实现冬季/夏季的热回收，并宜根据运行工况设置热回收模式与旁通模式的切换。

5.4.5　溶液吸收式热回收装置出风口的空气质量应符合相关卫生标准。

5.4.6　溶液吸收式热回收装置采用腐蚀性溶液时，应采取可靠措施防止溶液泄漏。

6 性能要求

6.1 通用要求

6.1.1 额定风量和风压

风量实测值不应低于额定值的 95%，机外静压实测值不应低于额定值的 90%。

6.1.2 漏风率

在机组内静压保持 1000Pa 时，机组漏风率不应大于 1%。

6.1.3 过滤器效率和阻力

过滤器效率和阻力应满足 GB/T 14295 的有关规定。

6.1.4 断面风速均匀度

断面风速均匀度不应小于 80%。

6.1.5 机组的振动

风机转速≤800r/min 时，机组的震动速度不大于 3mm/s；风机转速＞800r/min 时，机组的震动速度不大于 4mm/s。

6.1.6 滤菌效率

中效过滤器的滤菌效率根据滤尘效率推算（对能带菌的最小粒子）不应小于 90%。

6.2 安全要求

实验动物用热回收净化空调机组的安全要求应符合 GB/T 14294—2008 中“6.4 安全性能”的规定。

7 试验

7.1 一般要求

7.1.1 试验机组应按功能段组成整机进行试验。

7.1.2 试验机组应按产品说明书要求组装和安装，除非在试验方法中有规定，不应采取任何特殊处理措施。

7.2 试验条件

7.2.1 机组一般性能的试验条件应符合 GB/T 14294—2008 中“7.2 试验条件”的规定。

7.2.2 机组的热回收试验条件应符合 GB/T 21087—2007 中“6.1 试验条件”的规定。

7.3 试验方法

7.3.1 机组一般性能的试验方法应符合 GB/T 14294—2008 中“7 试验方法”的规定。

7.3.2 机组的热回收性能试验方法应符合 GB/T 21087—2007 中“6.2.6 交换效率试验”的规定。

8 检验规则

8.1 机组检验分为出厂检验、抽样检验和型式检验。

8.2 机组一般性能的检验项目应符合 GB/T 14294—2008 中“8.1.2”中表 7 的规定。

8.3 机组中热回收性能的检验项目应符合 GB/T 21087—2007 中“7.1.2 检验项目”的规定。

8.4 机组的出厂检验应符合 GB/T 14294—2008 中“8.2 出厂检验”的规定。

8.5 机组的型式检验应符合 GB/T 14294—2008 中“8.3 型式检验”的规定。

9 包装、运输和储存

9.1 每台机组应有产品铭牌，并固定在箱体明显的部位。铭牌上应清晰地包括下列内容：

a）机组名称、型号；

b）机组主要技术参数（额定风量、机外静压、机组全静压、供冷量、供热量、额定电压、输入功率、安装角度（适用于热管装置）、交换效率等；

c）机组外形尺寸：长×宽×高；

d）机组重量；

e）出厂编号与出厂日期；

f）制造厂名称；

g）采用标准。

9.2 机组应标明工作状况，如旋转方向、开和关等标志，并应附有电气线路图。

9.3 机组包装应符合 GB/T 14294—2008 中“9.2 包装”的规定。

9.4 机组的运输和储存应符合 GB/T 14294—2008 中“9.3 运输和储存”的规定。

ICS 65.020.30
B 44

中国实验动物学会团体标准

T/CALAS 72—2019

实验动物　无菌猪隔离器

Laboratory animals - Isolator of germ-free pigs

2019-07-10 发布　　2018-08-01 实施

中国实验动物学会　发布

前　言

本标准按照 GB/T 1.1—2009 给出的规则编写。

本标准由中国实验动物学会归口。

本标准由全国实验动物标准化技术委员会（SAC/TC281）技术审查。

本标准由中国实验动物学会实验动物标准化专业委员会提出并组织起草。

本标准起草单位：重庆市畜牧科学院、重庆医科大学。

本标准主要起草人：孙静、葛良鹏、梁浩、刘作华、丁玉春、谭毅、吴梦、林保忠、杨松全、黄勇。

实验动物　无菌猪隔离器

1　范围

本标准规定了无菌猪饲养隔离器、无菌猪运输隔离器、无菌猪子宫剥离器的要求、试验方法、检验规则、标志、包装、运输和储存。

本标准适用于无菌猪及相应微生物控制级别的饲养隔离器、运输隔离器、子宫剥离器。

2　规范性引用文件

下列文件对本标准的应用是必不可少的。凡是注明日期的引用文件，其所注日期的版本适用于本文件。凡是不注日期的引用文件，其最新版本（包括所有的修改单）适用于本文件。

GB 14925　《实验动物　环境及设施》

GB/T 191—2008　《包装储运图示标志》

3　用途

根据功能要求，无菌猪隔离器分为无菌子宫剥离器、无菌运输隔离器和无菌饲养隔离器。

3.1　无菌子宫剥离器

适用于无菌中剖除术获取无菌仔猪。无菌状态下，结扎并脱离母体的子宫经子宫剥离器的消毒渡槽，进入子宫剥离器内操作平台，在平台上获取新生仔猪。

3.2　无菌运输隔离器

与无菌子宫剥离器对接，可用于无菌新生仔猪的转移；单独使用时，可用于无菌猪中转与异地运输。

3.3　无菌饲养隔离器

正压时，适用于无菌猪和悉生猪的饲养，控制外源微生物扩散到隔离器内部区域；负压时，适用于猪感染性动物实验，控制感染源扩散到隔离器外部区域。

无菌猪始终生活于无菌猪隔离器内。

4　结构类型和尺寸

4.1　结构

4.1.1　无菌猪饲养隔离器应由架体、密封罩、观察窗、隔离腔体、传递系统、操作手套、进出风过滤系统等组成。

4.1.2　无菌猪运输隔离器应由架体、密封罩、观察窗、隔离腔体、传递系统、操作手套、进出风过滤系统等组成。

4.1.3 无菌猪子宫剥离器应由架体、密封罩、观察窗、隔离腔体、消毒液槽、操作手套、无菌操作台、传递系统、进出风过滤系统等组成。

4.2 类型

隔离腔体可选用软质或硬质材料。软质隔离腔体主体空间大小可随通风而变化，宜用于无菌猪饲养隔离器。硬质隔离腔体主体空间大小应不随通风而变化，宜用于无菌猪运输隔离器、无菌猪子宫剥离器。

4.3 尺寸

4.3.1 无菌猪饲养隔离器尺寸

应根据实验猪饲育品种、动物实验的要求确定隔离器的尺寸。

4.3.2 无菌猪运输隔离器尺寸

应根据无菌猪大小、运输数量的要求确定无菌运输隔离器的尺寸。

4.3.3 无菌猪子宫剥离器尺寸

应根据实验猪饲育品种的要求确定子宫剥离器的消毒液槽和无菌操作台的尺寸。

5 要求

5.1 架体

5.1.1 采用不锈钢材料制作，架体应稳定、牢固、平整、装拆和移动方便、耐腐蚀。

5.1.2 隔离器风机与架体采用管道连接，架体应无明显振动。

5.2 密封罩

宜采用耐腐蚀、耐高温、耐高压、易清洗、透明、柔韧、无毒塑料密封罩，具有带塞消毒孔，宜用于无菌猪隔离器内物品传递系统的密封。

5.3 观察窗

采用耐腐蚀的不锈钢、有机玻璃等硬质材料一体成型或密封焊接组成，顶部宜具有透明硬质观察窗，应密封、无泄漏。

5.4 隔离腔体

应密封、无泄漏。

5.5 传递系统

应密封。用于不同种类物品、动物体传递空间。

5.6 操作手套

连接隔离器密封罩操作用的胶质手套应密封、大小适用。

5.7 进出风过滤系统

进风处应有初、中、高效过滤，出风处应有中、高效过滤。

5.8 消毒液槽

采用耐腐蚀的不锈钢等硬质材料密封焊接组成，具有开口，应可以液封，具有放水口，可排放废液。

5.9 无菌操作台

采用耐腐蚀的不锈钢等硬质材料密封焊接组成，底部具有水平推拉盖，应可密封。

5.10 外观

表面应光洁、耐腐蚀。

5.11 性能

5.11.1 空气进风口应经初效、中效、高效三级过滤，出风口经中效、高效二级过滤，使隔离器内在静态时的送风口洁净度达到 GB 14925 要求的 7 级或更高洁净度要求。

5.11.2 隔离器内落下菌数不应检出。

5.11.3 隔离器内气流速度应为 0.1m/s ~ 0.3m/s。

5.11.4 隔离器内外梯度压差应为 20Pa ~ 55Pa。

5.11.5 隔离器内换气次数应为 20 次/h ~ 50 次/h。

5.11.6 隔离器内饲养区内噪声应≤55 分贝。

6 试验方法

6.1 外观

手触、目测。

6.2 耐腐蚀

将隔离器腔体使用材料取一部分分别在 pH2、pH10 的溶液中浸泡 24h，应无损坏。

6.3 饲养隔离器内气流速度

按 GB 14925—2010 附录 B 规定执行。

6.4 饲养隔离器内换气次数

按 GB 14925—2010 附录 C 规定执行。

6.5 饲养隔离器内空气洁净度

按 GB 14925—2010 附录 E 规定执行。

6.6 饲养隔离器内沉降菌数

按 GB 14925—2010 附录 F 规定执行。

7 检验规则

7.1 应对产品逐台进行检验，检验合格并附合格证方可出厂。

7.2 产品经检验如有不合格项目，允许修复一次；复检后不合格，则该台产品不合格。

8 标志、包装、运输、储存

8.1 标志

产品上应标明：

a）注册商标、产品名称、型号、数量、标准编号；

b）制造厂名称、地址、生产日期；

c）体积（长×宽×高）；

d）符合 GB/T 191 规定的图示标志。

8.2 包装

8.2.1 隔离器先用软体材料包裹衬垫，再用打包带紧密捆扎牢固。

8.2.2 最外层用硬质材料包装。

8.2.3 密封罩、手套等配件应单独装箱、打包，并用纸箱包装。

8.3 运输与储存

储运时应防潮、通风，避免腐蚀性气（液）体污染和剧烈碰撞。

参考文献

杜蕾，孙静，葛良鹏，等. 2016. 无菌猪的研究进展. 中国实验动物学报，24（5）：546-550.

杜蕾，孙静，葛良鹏，等. 2017. 肠道菌群对动物免疫系统早期发育的影响. 中国畜牧杂志，53（6）：10-14.

黄勇，杨松全，游小燕，等. 2016. 一种无菌仔猪运输隔离器. ZL201620645582.3（专利号）

孙静，杜蕾，丁玉春，等. 2017. 无菌猪的制备与微生物质量控制. 中国实验动物学报，25（6）：699-702.

Brady M J，Radhakrishnan P，Liu H，et al. 2011. Enhanced actin pedestal formation by enterohemorrhagic Escherichia coli O157:H7 adapted to the mammalian host. Frontiers in Microbiology，2：226.

Guilloteau P，Zabielski R，Hammon H M，et al. 2010. Nutritional programming of gastrointestinal tract development. Is the pig a good model for man? Nutrition Research Reviews，23（1）：4-22.

Meurens F，Summerfield A，Nauwynck H，et al. 2012. The pig：a model for human infectious diseases. Trends in Microbiology，20（1）：50-57.

Odle J，Lin X，Jacobi S K，et al. 2014. The suckling piglet as an agrimedical model for the study of pediatric nutrition and metabolism. Annual Review of Animal Biosciences，2：419-444.

Steele J，Feng H，Parry N，et al. 2010. Piglet models of acute or chronic Clostridium difficile illness. The Journal of Infectious Diseases，201（3）：428-434.

Wang M，Donovan S M. 2015. Human microbiota-associated swine：current progress and future opportunities. ILAR Journal，56（1）：63-73.

Wu J，Platero-Luengo A，Sakurai M，et al. 2017. Interspecies chimerism with mammalian pluripotent stem cells. Cell，168（3）：473-486 e15.

第五篇

动物实验系列标准

ICS 65.020.30
B 44

中国实验动物学会团体标准

T/CALAS 74—2019

实验动物　小鼠和大鼠学习记忆行为实验规范

Laboratory animals - Guideline for learning and memory behavior test

2019-07-10　发布　　2019-08-01　实施

中国实验动物学会　发布

前　言

本标准按照 GB/T 1.1—2009、GB/T 20001.4—2015 给出的规则编写。

本标准由中国实验动物学会归口。

本标准由全国实验动物标准化技术委员会（SAC/TC281）技术审查。

本标准由中国实验动物产业技术创新战略联盟、中国实验动物学会动物模型鉴定与评价工作委员会提出并组织起草。

本标准起草单位：中国医学科学院药用植物研究所、中国航天员科研训练中心、中国医学科学院医学实验动物研究所、湖南省实验动物中心、西南医科大学、湖南中医药大学、北京中医药大学、北京大学药学院、北大未名生物工程集团有限公司。

本标准主要起草人：刘新民、陈善广、秦川、王琼、孙秀萍、梁建辉、卢聪、董黎明、王克柱、吕静薇、姜宁、廖端芳、姜德建、成绍武、曾贵荣、石哲、杨玉洁、徐攀、常琪。

实验动物　小鼠和大鼠学习记忆行为实验规范

1　范围

本标准规定了学习记忆行为评价中常用的检测设备、实验方法和评价指标。

本标准适用于以小鼠、大鼠为实验动物，开展学习记忆、学习记忆障碍性疾病及防护措施的行为实验研究。

2　术语和定义

下列术语和定义适用于本标准。

2.1

动物行为实验　animal behavioral test

以实验动物为对象，在自然界或实验室内，以观察和实验方式对动物的行为信息进行采集、分析和处理，开展动物行为信息的生理和病理意义及产生机制的科学研究。

2.2

学习记忆　learning and memory

学习是神经系统接受外界环境变化获得新行为和经验的过程，分为非联合型学习（non-associative learning）和联合型学习（associative learning）两种。记忆是指对学习获得的经验或行为的保持，包括获得、巩固、再现及再巩固四个环节，分为程序性记忆（procedural memory）和陈述性记忆（declarative memory）。学习和记忆二者是互相联系的神经活动过程，学习过程中必然包含记忆，而记忆总是需要以学习为先决条件。

2.3

学习记忆行为实验　learning and memory behavioral test

以整体动物为对象，采集和分析动物行为信息，开展学习记忆的发生发展过程的科学研究。基本实验检测原理包括奖励性、惩罚性和自发活动三类。主要实验方法有操作性条件反射、跳台、避暗、穿梭、水迷宫、T迷宫、放射状迷宫、物体认知等。

3　学习记忆行为实验方法

3.1　操作条件反射

3.1.1　实验原理

操作条件反射一般以能引起奖赏效应的物质（食物、糖水等中性强化物质）作为非条件刺激信号，灯光或声音作为条件刺激信号。动物在自由探索中偶然发现了奖赏物质，在训练过程中建立了条件刺激信号与奖赏物质之间的联系；同样，动物通过对操作装置的偶然触碰，发现了操作能获得奖赏物质；最后，动物能够根据条件刺激信号的规律进行操作，以获得奖赏强化，形成条件刺激信号-操作行为反应-结果之间的操作条件反射。操作条件反射能很好地反映动物执行复杂操作任务时的判断、决策和学习记忆能力。

3.1.2 实验材料

小鼠或大鼠。

操作条件反射实验基本装置包括测试箱、非条件刺激信号和条件刺激信号发生部件、操作部件、控制单元。现在多采用计算机、摄像或传感装置，以及软件系统组成的自动化和智能化装置。

3.1.3 实验方法

3.1.3.1 操作条件反射

a）限制饮食饮水。采用固体物质作为奖赏物质时，应控制动物摄取的食物量；采用液体物质（如糖水）作为奖赏物质时，应同时控制动物摄取的食物量和饮水量。体重控制在正常动物体重的 80% ~ 85%为宜。

b）限食（水）动物，放入测试箱内适应 3min ~ 5min。

c）奖励性条件反射测试：先给予条件性刺激（灯光或声音），时间应为 10s，然后给予 1 次奖赏；随即进入间隔期（无条件刺激和奖赏物质）30s。每天重复 30 个 ~ 50 个周期。

d）操作条件反射：动物获得奖励性条件反射后，进行单次操作条件反射训练。此时动物每操作踏板 1 次，给予条件性刺激（灯光或声音），时间应为 10s，然后给予 1 次奖赏。每天重复 30 个 ~ 50 个周期。

3.1.3.2 位置信号识别条件反射

a）应在动物建立操作条件反射后进行。

b）每个周期中，应分别指定正确位置（如左侧）和错误位置（如右侧），条件刺激信号在正确位置和错误位置交替出现，条件刺激时间间隔应为 120s。

c）条件刺激信号出现在正确位置时，动物完成规定的正确操作次数后，给予 1 次奖赏；条件刺激信号出现在错误位置时，无论动物是否操作，不给予奖赏。

d）每天重复 10 个 ~ 30 个周期，连续训练 5 天。

3.1.3.3 视觉信号识别条件反射

a）应在动物建立操作条件反射后进行。

b）每个周期中，应分别指定正确信号灯（如蓝灯）和错误信号灯（如红灯），正确信号灯和错误信号灯交替出现，信号灯出现时间间隔应为 120s。

c）正确信号灯出现时，动物完成规定的正确操作次数后，给予 1 次奖赏；错误信号灯出现时，无论动物是否操作，不给予奖赏。

d）每天重复 10 个 ~ 30 个周期，连续训练 4 天。

3.1.3.4 消退实验

应在上述实验模式完成后进行，实验过程和评价指标同奖励性操作条件反射，但不给予动物奖赏强化。

3.1.4 评价指标

a）鼻触总次数（total nose poke）：动物头部进入奖赏区域内探索次数。鼻触总次数越少，动物探索兴趣越低。

b）正确鼻触次数（correct nose poke）：在正确刺激信号时，动物发生的鼻触次数。正确鼻触次数越少，动物探索兴趣越低、学习记忆能力越差。

c）鼻触正确率（rate of correct nose poke）：正确鼻触次数/鼻触总次数。鼻触正确率越高，动物学习记忆能力越强。当鼻触正确率连续 3 天保持在 70%以上，即奖励性条件反射建立。

d）正确操作次数（correct lever presses）：动物在操作任务中能够获得奖赏物质次数。正确操作次数越多，动物操作和学习记忆能力越强。

e）错误操作次数（incorrect lever presses）：除获得奖赏的操作外，动物的操作次数。错误操作次数越多，动物操作和学习记忆能力越差。

f）正确操作率（rate of correct lever presses）：正确操作次数/（正确操作次数+错误操作次数）。正确操作率越高，动物的操作和学习记忆能力越强。当正确操作率连续 3 天保持在 70%以上，即奖励性操作条件反射建立。

3.2　穿梭实验

3.2.1　实验原理

在穿梭实验中，如果动物在规定时间内对条件刺激信号（如灯光或声音）不发生反应，则给予惩罚性刺激（常用电刺激），动物受到惩罚性刺激后再穿梭至对侧安全区，形成被动逃避反应；经过一定时间反复训练，动物将这种条件刺激信号和电刺激相结合，在规定时间内穿梭至对侧安全区，避免伤害，形成主动逃避反应。

3.2.2　实验材料

小鼠或大鼠。

穿梭实验的基本装置包括测试箱、条件刺激和非条件刺激信号发生部件、控制单元。测试箱一般为矩形或方形，分 A、B 两室，两室面积等大。A、B 两室间有一椭圆形小门。现在多采用计算机、摄像或传感装置，以及软件系统组成的自动化和智能化装置。

3.2.3　实验方法

a）实验开始前，动物宜置于测试箱（A 或 B 室）适应 3min ~ 5min。

b）动物适应完成后，应开始穿梭条件反射获得实验。穿梭次数应设定为 30 次 ~ 60 次。

c）穿梭条件反射的获得：每天给予获得训练。周期依次为条件刺激（灯或声音）3 ~ 5s 后，非条件刺激（电刺激）15s ~ 30s，非条件刺激结束后应有 5s ~ 10s 的间隔期（不给予任何刺激），达到设定的穿梭次数，实验结束。

d）穿梭条件反射消退：达到设定的穿梭条件反射标准（主动穿梭比率连续 3 天保持在 80%以上）后开始条件反射消退实验。实验方法同 3.2.3（穿梭条件反射的获得）。此时应停止给予非条件刺激。

3.2.4　评价指标

a）主动穿梭次数（number of active escape response）：动物从有光无电室穿入到无光无电室的次数。主动穿梭次数越多，动物学习记忆能力越强。

b）被动穿梭次数（number of passive avoidance response）：动物从有光有电室穿入到无光无电室的总次数。被动穿梭次数反映动物被动逃避的学习记忆能力。

c）主动穿梭比率（rate of number of active escape response）：主动穿梭次数/（主动穿梭次数+被动穿梭次数）。主动穿梭比率越高，动物的学习记忆能力越强。当主动穿梭比率连续 3 天保持在 80%以上，即成功建立穿梭条件反射。

d）其他如主动穿梭平均反应速度（动物形成主动穿梭过程的路程/时间）、错误区时间（动物在有光有电区停留的时间）等也可作为穿梭学习记忆能力评价指标。

3.3 跳台实验

3.3.1 实验原理

跳台是一种检测动物被动性条件反射能力的方法。给予一定程度的电刺激，动物为避免伤害而寻找安全区（绝缘跳台），经几次反复后，最终记住安全区域。跳台实验可反映动物学习记忆的获得、巩固、再现等过程。

3.3.2 实验材料

小鼠或大鼠。

跳台实验基本装置包括测试箱、跳台、电路控制系统。现在多采用计算机、摄像或传感装置，以及软件系统组成的自动化和智能化装置。

3.3.3 实验方法

a）实验开始前动物应放入测试箱内适应 5min。

b）获得能力测试：将动物置于测试箱底部区域，底部电网通电，开始实验。实验时间为 5min。

c）巩固能力测试：24h 后将动物置于跳台上，底部电网通电，开始实验。实验时间为 5min。

3.3.4 评价指标

a）错误次数（number of error）：动物在一定的时间内从绝缘跳台到电网的实际次数。错误次数越多，动物学习记忆能力越差。正常动物在获得阶段（5min）的错误次数应为 1 次 ~ 5 次；在巩固阶段应小于 2 次。

b）潜伏期（latent period）：动物第一次从电网逃避到绝缘跳台的时间或动物第一次从绝缘跳台跳至电网的时间。潜伏期长短反映动物学习记忆能力。

c）安全区时间（total time of safe zone）：动物在绝缘平台停留的时间。安全区时间越长，动物学习记忆能力越强，正常动物安全区时间与总时间比值应大于 90%。

d）错误区时间（total time of error zone）：动物在电网上停留的时间。错误区时间越长，动物学习记忆能力越差，正常动物错误区时间与总时间比值应小于 10%。

3.4 避暗实验

3.4.1 实验原理

避暗是利用啮齿类动物的嗜暗习性设计，动物由于嗜暗习性而偏好进入暗室，进入暗室时则受到电击，动物为避免伤害而寻找安全区（明室），经几次反复训练后，最终记住明室为安全区域。

3.4.2 实验材料

小鼠或大鼠。

避暗实验基本装置包括测试箱和电路控制系统。测试箱应为矩形或方形，分明室和暗室。现在多采用计算机、摄像或传感装置，以及软件系统组成的自动化和智能化装置。

3.4.3 实验方法

a）实验开始前动物宜放入测试箱内适应 5min。

b）获得能力测试：暗室底部通电，明室底部无电。动物置于测试箱暗室，开始实验。实验时间为 5min。

c）巩固能力测试：暗室底部通电，明室底部无电。24h 后将动物置于明室，开始实验。实验时间应为 5min。

3.4.4 评价指标

a）测试箱不通电的情况下，正常动物在暗室停留时间与总时间的比值应大于 60%。

b）错误次数（number of error）：动物在一定的时间内从明室进入暗室的实际次数。错误次数越多，动物学习记忆能力越差。正常动物在获得阶段（5min）的错误次数应为 1 次 ~ 5 次；在巩固阶段应小于 2 次。

c）潜伏期（latent period）：动物第一次从明室进入暗室的时间。潜伏期越长，动物学习记忆能力越强。

d）安全区时间（total time of safe zone）：动物在明室停留的总时间。安全区时间越长，动物学习记忆能力越强。正常动物安全区时间与总时间的比值应大于 90%。

e）错误区时间（total time of error zone）：动物在暗室停留的总时间。错误区时间越长，动物学习记忆能力越差。正常动物安全区时间与总时间的比值应小于 10%。

3.5 Morris 水迷宫实验

3.5.1 实验原理

将动物置于盛水的圆形测试箱中，测试箱中安装有隐匿的平台，并在平台空间附近布置多个参考物。动物为逃避水环境而寻找迷宫中固定位置的隐匿平台，通过周围的空间参考物学习和记住平台位置。实验中隐蔽平台的位置与动物自身所处的位置和状态无关，是一种以异我为参照点的参考认知，所形成的记忆是一种空间参考记忆，为空间记忆的常用实验方法。

3.5.2 实验材料

小鼠、大鼠。

Morris 水迷宫基本装置包括圆形测试水池、平台和空间参考物。现在多采用计算机、摄像，以及软件系统组成的自动化和智能化装置。

3.5.3 实验方法

a）应将水迷宫按东、南、西、北四个方向划分为 4 个象限，放置于任意一个象限内的中央。

b）水池中注水高度应以平台顶部低于水面 1cm ~ 2cm 为宜。水温应维持在 22℃ ~ 25℃。

c）测试箱水面颜色背景应尽可能与动物毛发颜色形成反差，保证平台不可见。

3.5.3.1 导航测试

a）测试前应先将动物放在平台上适应 10s ~ 20s，然后随机选取 3 个 ~ 4 个象限作为入水点，将动物放入水中进行测试。实验时间宜为 1min ~ 2min（推荐 90s）。

b）动物找到平台后，应让其在平台上停留 10s。

c）若未找到平台，应人工引导至平台停留 10s。此时潜伏期应按最长实验时间计算。

d）每天每只动物测试 2 次 ~ 4 次，应连续检测 5 天 ~ 7 天。

3.5.3.2 探索实验

a）应在导航测试实验 24h 后进行（此时正常组动物寻台成功率应超过 90%）。此时应撤除平台。

b）应从原实台的对角象限中点，面向迷宫壁将动物放入水中。

c）每只动物应测试 1 次，实验时间应与导航测试时间相同。

3.5.3.3 工作记忆实验

a）方法一：按“导航测试”的 a）~ c）步骤进行。此时每天在不同的象限更换平台的位置。实验时间应为 90s，每天测试一次，完成 3 个不同象限的测试，连续检测 3 ~ 4 天，统计动物第二次训练的登台潜伏期。

b）方法二：按“导航测试”的 a）~ c）步骤进行。此时平台固定于某一象限，每天测试 2 次，每次实验时间应为 90s，两次间隔时间 15s。两次动物均从同一位置面壁放入水池，统计两次训练的潜伏期。连续检测 3 天 ~ 4 天，平台位置每天变换。

c）方法一和方法二均应在“导航测试”实验后进行。此时正常组动物的寻台成功率应超过 90%。

3.5.4 评价指标

a）潜伏期（latency）：动物从入水到成功登上平台的总时间。潜伏期越长，表明动物的学习记忆能力越差。

b）登台率（percentage of staying in platform）：成功登台动物数占总测试动物数的百分比。登台率越高，表明动物的学习记忆能力越强。

c）穿台次数（number of crossing platform）：动物穿过虚台（探索实验中，撤除平台后的位置）的次数。正常动物 90s 实验时间内穿台次数为 2 次 ~ 4 次。穿台次数越少，表明动物的记忆能力越差。

d）工作记忆实验中的方法二，评价指标为前后两次寻台潜伏期的差值，差值越小，表明工作记忆能力越强。

e）匹配实验中，其他如目标象限时间比率（percentage of time in target quadrant）、目标象限游程比率（percentage of swimming distance in target quadrant）也可作为评价指标。

3.6 T 型迷宫

3.6.1 实验原理

T 型迷宫是空间工作记忆的经典评价方法。在 T 型迷宫内特定位置放置食物，检测动物对“正在经历”的信息进行短暂储存和加工并指导下一步行动计划的能力。限食后，动物寻找食物动机更强。

3.6.2 实验材料

小鼠、大鼠。

T 型迷宫实验的基本装置包括测试箱、挡板、食物。测试箱分为主干臂和左、右两个目标臂。左、右目标臂与中心的连接处应各有一组可插入挡板的闸门。现在多采用计算机、摄像，以及软件系统组成的自动化和智能化检测装置。

3.6.3 实验方法

3.6.3.1 自发连续交替选择实验

a）动物放入 T 型迷宫的主干臂起始箱，应关闭闸门，动物限制在主干臂内 10s。

b）打开闸门，此时动物离开主干臂进入一个目标臂。

c）动物四肢进入目标臂内后，迅速将动物放回主干臂起始箱。此时应关闭闸门，限制在臂内 5s ~ 10s。

d）应重复步骤 a）~ c）5 次 ~ 9 次，每次时间应不超过 2min。

3.6.3.2 奖赏交替选择实验

适应训练

a）动物限食：食物调整至 10g/天/只 ~ 15g/天/只（标准食物 2 粒左右/天/只）。以动物体重降至实验前的 85% ~ 90%为准。

b）开启 T 型迷宫所有门，放置食物。

c）将多只动物放入迷宫 3min，必要时补充食物。每天至少做 4 次，每次与前一次间隔至少 10min。适应 2 天。

d）强迫选择训练：将动物放入主干臂的起始箱，打开闸门，让动物进入迷宫的主干臂。随机、交替选择左、右两臂之一放入 4 粒食丸，同时关闭另一侧臂，使动物被迫选择食物强化臂并完成摄食；每天 6 次，连续 4 天。保持关闭左侧门的次数与关闭右侧门的次数相等。

正式试验

a）强迫训练：关闭一侧目标臂，强迫动物进入另一侧开放臂以获得 2 粒食丸奖赏。

b）立即（最短延迟，少于 5s）将动物放回主干臂，在主干臂中限制 10s。然后同时开放两个目标臂。动物四肢均进入一个目标臂时完成“一次选择”。动物返回到强迫选择训练时进入过的臂则没有食物奖赏，并且将其限制在该臂内（限制时间与动物吃掉奖赏物的时间应相同，如 10s），记录一次错误选择；若动物进入另一个臂，则获得食物奖赏（4 粒食丸），记录一次正确选择。重复上述过程 6 次。

3.6.4 评价指标

动物选择一次未进的目标臂，记为正确一次。反之，则为选择错误一次。

评价指标：正确率（%）=正确次数/（正确次数+错误次数）。

正常大小鼠正确率一般为 80%以上。

3.7 放射状（八臂）迷宫

3.7.1 实验原理

放射状迷宫（radial arm maze）实验是通过限食后，动物有更强的觅食驱动力，在迷宫特定位置放置食物。动物对迷宫各臂进行探索，经过一定时间的训练，动物可记住食物在迷宫中的空间位置。常用八臂迷宫。

3.7.2 实验材料

小鼠、大鼠。

放射状（八臂）迷宫基本装置包括测试箱、挡板和食物。测试箱由中央区和八个相同形状、相同尺寸的迷宫组成。中央区通往各臂的入口处有一活动挡板。现在多采用计算机、摄像，以及软件系统组成的自动化和智能化检测装置。

3.7.3 实验方法

a）动物购入适应后，应对动物进行限食。体重控制在正常动物体重的 85% ~ 90%为宜。

b）第一次实验应在禁食 24h 后开始。

c）实验开始时，迷宫各臂及中央区应平均分撒食物颗粒，每臂应放 4 粒，食物直径宜为 3mm。

d）食物分撒完毕后，应同时将 4 只动物置于迷宫中央，此时应打开通往各臂的门。实验时间宜为 10min。

e）重复 c）、d）操作，应连续检测 3 天。

f）第 4 天起动物应单只进行训练。在每个臂靠近外端食盒处各放一颗食粒，动物自由摄食，应在食粒吃完或实验 10min 后将动物取出。一天 2 次，连续检测 2 天。

g）第 6 天开始，应随机选 4 个臂设定为工作臂，另外 4 个臂为参考臂。每个工作臂应放一颗食粒，关闭各臂门。

h）将动物放在迷宫中央 30s 后，打开各臂门，动物应在迷宫中自由活动并摄取食粒，动物吃完 4 个臂的所有食粒或者 10min 后，应终止实验。每天应训练两次，间隔期应不少于 1h。

3.7.4 评价指标

a）总时间（total time）：即动物吃完所有食粒所需要的时间，如果到实验规定时间内未吃完，以最长时间记录。其反映学习记忆能力。正常大小鼠的总时间占测试时间的比率为 40%～60%。

b）重复错误次数（number of repetitive error）：实验规定时间内动物重复进入已吃过食粒的臂的次数。其反映工作记忆能力。正常动物的工作记忆错误次数应不大于 3 次。

c）总出错次数（number of total error）：动物进入无食粒迷宫臂的次数。其反映动物参考记忆能力。正常动物的参考记忆错误次数应不大于 5 次。

3.8 物体认知

3.8.1 实验原理

利用啮齿类动物天生喜欢接近和探索新奇物体的本能来检测动物的学习记忆能力。

3.8.2 实验材料

小鼠、大鼠。

物体认知实验基本装置包括测试箱、物体。现在多采用计算机、摄像，以及软件系统等组成的自动化和智能化检测装置。

3.8.3 实验方法

实验有四种模式：新物体识别实验，物体位置识别实验，时序记忆实验，情景记忆实验。每种实验模式均应包括适应期、熟悉期、测试期三个阶段，详见表 1。每种实验模式均应符合配对平衡原则。

3.8.4 评价指标

a）新奇偏爱指数（novelty preference index，NI）：测试期内动物对新奇物体的探索时间与对新奇物体和熟悉物体探索时间之和的比值，即 $NI=T_n/(T_n+T_f)$。NI 值大于 0.5 表明动物对新奇物体具有偏爱性，小于 0.5 则暗示动物对熟悉物体更加偏爱。“T_n”是指测试期动物对新奇物体的探索时间，“T_f”是指测试期动物对熟悉物体的探索时间。新奇偏爱指数越高，动物学习记忆能力越强。正常动物的 NI 应大于 0.5。

表 1　物体认知实验方法

	适应期	熟悉期	测试期
新物体识别实验	10min/d，连续 3 天	适应完成后开始，时间宜为 5min	熟悉期结束后间隔一定时间（推荐 30min），应更换其中一个物体为新物体，时间宜为 5min
物体位置识别实验		适应完成后开始，时间宜为 5min	宜在熟悉期结束后间隔一定时间（推荐 30min）开始，应更换其中一个物体的位置，时间宜为 5min
时序记忆实验		两个熟悉期实验。两个熟悉期间隔 20min，每次实验时间宜为 5min	宜在第二次熟悉期结束后间隔一定时间（推荐 30min）开始，时间宜为 5min
情景记忆实验		两个熟悉期实验。两个熟悉期间隔 20min，第二次熟悉期应更换背景，每次实验时间宜为 5min	宜在第二次熟悉期结束后间隔一定时间（推荐 30min）开始，时间宜为 5min

b）相对辨别指数（relative discrimination index，RI）：测试期内动物对新奇物体的探索时间和对熟悉物体的探索时间之差除以总探索时间，即 RI=（T_n–T_f）/（T_n+T_f）。RI 的数值范围应为–1 到+1。–1 表示动物在测试期时完全偏爱熟悉物体，0 表示动物在测试期时对熟悉物体和新奇物体的探索时间相同，无物体偏爱性，+1 表示动物在测试期时完全偏爱新奇物体，即负值表明动物偏爱熟悉物体，正值表明动物更加偏爱新奇物体、能辨别出新奇物体。相对辨别指数越高，动物学习记忆能力越强。正常动物的 RI 宜为 0.4～0.6。

4　行为评价实验设计原则

4.1　检测方法

研究学习记忆行为改变时，宜至少采取上述学习记忆实验方法中的两种，每种实验方法应重复一次。

a）全部行为检测方法中，应都呈现同向性改变。

b）至少一次应表现出统计学上的显著性差异。

4.2　实验设计原则

a）必须由研究机构动物保护和使用委员会（Institutional Animal Care and Use Committee，IACUC）审查并批准同意。严格遵守动物福利指南的 3R 原则。

b）行为学实验顺序的安排原则，一般先安排对动物应激较小的实验，再安排应激较大的实验。

c）针对不同的行为学实验，选择适合的动物品系。

4.3　行为学实验条件

a）动物购入实验室后适应 3～5 天。

b）实验前，实验者应对动物进行抚触，使动物熟悉、适应实验者。

c）在实验前，动物应适应检测环境 30～60min。

d）实验环境条件：安静，光源为非直接照射光源，照度应为 20～40lux。特殊情况，如焦虑模型检测，照度可调至 200～400lux。

e）同一测试箱内如进行多只动物实验，前只完成检测后，应对测试环境进行擦拭和清洁等，避免残存动物气味（水迷宫除外），再进行下一只动物的检测。

4.4 动物模型

a）新药、保健食品功效评价，应选择三种或以上不同致病原理模拟的动物模型。

b）至少两种模型显示出改善作用并表现出统计学意义。

4.5 动物选择及阳性药物

a）宜采用健康成年雄性动物。

b）模拟女性特有的疾病应采用雌性动物。

c）每组实验动物数，大鼠应为 8 ~ 10 只；小鼠应为 10 ~ 15 只。

d）应根据模型原理、指标敏感性和研究目的，选择与受试药物活性成分或作用机制相似的上市药物作为阳性对照药。

e）不同模型评价时，宜根据模型发病机制选择阳性药。

4.6 实验数据处理

a）行为学实验结果以均数 ± 标准误（mean ± SEM）表示。

b）采用单样本 K-S 检验进行正态分布检验。

c）正态分布数据采用独立样本 t 检验或单因素方差分析（one-way ANOVA）。

d）不满足正态分布的数据采用非参数检验。

e）重复测量实验，采用重复测量方差分析进行数据统计。

ICS 65.020.30
B 44

中国实验动物学会团体标准

T/CALAS 75—2019

实验动物　小鼠和大鼠情绪行为实验规范

Laboratory animals - Guideline for the emotional behavior test

2019-07-10 发布　　2019-08-01 实施

中国实验动物学会　发布

前　言

本标准按照 GB/T 1.1—2009、GB/T 20001.4—2015 给出的规则编写。

本标准由中国实验动物学会归口。

本标准由全国实验动物标准化技术委员会（SAC/TC281）技术审查。

本标准由中国实验动物产业技术创新战略联盟、中国实验动物学会动物模型鉴定与评价工作委员会提出并组织起草。

本标准起草单位：中国医学科学院药用植物研究所、中国医学科学院医学实验动物研究所、军事医学科学院毒物药物研究所、西南医科大学、中国航天员科研训练中心、北大未名生物工程集团有限公司。

本标准主要起草人：刘新民、孙秀萍、李云峰、陈善广、秦川、王琼、姜宁、张宏霞、吕静薇、张北月、薛瑞、张有志、陶雪、黄红。

实验动物 小鼠和大鼠情绪行为实验规范

1 范围

本标准规定了抑郁和焦虑情绪行为评价中常用的检测设备、实验方法和评价指标。

本标准适用于使用小鼠、大鼠，为研究抑郁症和焦虑症，以及防护措施而开展的行为实验。

2 术语与定义

下列术语与定义适用于本标准。

2.1

动物行为实验 animal behavioral test

以实验动物为对象，在自然界或实验室内，以观察和实验方式对动物的行为信息进行采集、分析和处理，开展动物行为信息的生理和病理意义及产生机制的科学研究。

2.2

情绪 emotion

个体在其需要是否得到满足的情景中直接产生的心理体验和相应反应，为人和动物所共有。

2.3

抑郁 depression

面临环境应激等因素长期、慢性作用时，出现快感缺失、行为绝望、获得性无助等情绪反应。

2.4

焦虑 anxiety

一种缺乏明显客观原因，预期即将面临不良处境的紧张不安和恐惧情绪。

2.5

动物情绪行为实验 animal emotion behavioral test

以实验动物模型为对象，研究情绪所致疾病的发生机制及防治措施的科学研究。本规范中主要指负性情绪行为实验，包括抑郁行为实验（获得性无助实验；强迫游泳实验；悬尾实验：糖水偏爱实验；旷场实验；新奇物体探索实验）和焦虑行为实验（高架十字迷宫实验；明暗箱实验；旷场实验；饮水冲突实验）。

3 抑郁行为实验方法

3.1 获得性无助实验

3.1.1 实验原理

获得性无助实验是指当动物接受连续无法控制或预知的厌恶性刺激（电击）后，将其放在可以逃避电击的环境中时，呈现出的逃避行为欠缺的现象，同时还伴有体重减轻、活动减少、攻击性降低等行为改变。

3.1.2 实验材料

小鼠、大鼠。

获得性无助实验的基本装置包括测试箱、灯（或声音）信号和电刺激装置。测试箱应为矩形或方形，分 A、B 两室，两室面积应等大，内部结构相同。现在多采用计算机、摄像或传感装置，以及软件系统等组成的智能化和自动化装置。

3.1.3 实验方法

3.1.3.1 模型建立期

a）实验当天动物应放入测试箱（A 室或 B 室）中，适应 5min。

b）动物应在电击箱内接受 30 个 ~ 60 个运行周期的循环电击。每个运行周期应包括无信号不可逃避的双室足底电击期和间歇期，电击期时间应为 3s ~ 10s，间歇期时间应为 3s ~ 10s。电刺激频率宜为 5Hz ~ 15Hz，刺激电流强度应为大鼠 0.65mA ~ 1.80mA（推荐 0.8mA）、小鼠 0.15mA ~ 0.6mA（推荐 0.25mA）。如采用电压，应为大鼠 65V ~ 70V、小鼠 30V ~ 36V。

3.1.3.2 条件性回避反应测试期

a）模型建立结束后第二天应进行条件性回避反应测试。

b）动物放入测试箱（A 侧或 B 侧）中，适应 5min 后，进行 15 个 ~ 30 个运行周期的实验。

c）每个运行周期的总时间应为 30s，包括 3s ~ 10s 的条件刺激（灯光/声音）、3s ~ 10s 的条件刺激+非条件刺激（电击条件同前）和 5s ~ 25s 的间歇期（不给予任何刺激）。

d）重复上述步骤，连续 2 天 ~ 3 天。

3.1.4 评价指标

a）逃避失败次数：动物在设定的非条件刺激持续时间内未完成回避反应的总次数；逃避失败次数与动物的抑郁程度成正比。抑郁行为判断标准：30 次电击，动物逃避失败次数大于 25 次或者与对照组相比有显著性减低（$P<0.05$）。

b）逃避潜伏期：实验开始后，动物第一次穿梭至对侧测试箱的时间；逃避潜伏期与动物的抑郁程度成正比。抑郁行为判断标准：逃避潜伏期大于 15s 或者与对照组相比有显著性减低（$P<0.05$）。

c）其他：主动回避次数、安全区时间（无电区域）、运动总时间（实验期间动物处于运动状态的时间）、运动总路程（实验期间动物物理位移的总和）等实验指标亦作为抑郁行为辅助评价指标。这些指标值越低，表明动物抑郁程度越重。

3.2 强迫游泳实验

3.2.1 实验原理

当动物被迫在一个受限的空间游泳时，它们首先拼命游动，试图挣扎逃跑，当逃跑无法实现时即处于一种漂浮不动姿势，这种“不动行为”称为“行为绝望状态”。

3.2.2 实验材料

小鼠、大鼠。

强迫游泳实验的基本装置是测试箱。现在多采用计算机、摄像（传感），以及软件系统等组成的自动化和智能化设备。

3.2.3 实验方法

a）实验前调节测试箱内水温，水温应为 23℃～25℃。水深应根据动物体重进行调整，动物尾巴与测试箱底面保持一定距离。

b）如同时进行多只动物实验，每两只动物间应用不透明挡板隔开。

c）大鼠强迫游泳实验，应在实验前一天预游，24h 后进行强迫游泳实验。记录 5min 内动物的不动时间、游泳时间及攀爬时间。

d）小鼠强迫游泳实验，应在检测当天进行。

e）小鼠游泳时间应为 6min，记录后 4min 的游泳时间、不动时间及攀爬时间。

3.2.4 评价指标

评价指标应采用动物不动、攀爬、游泳三类动作的时间及次数进行判定。

a）不动：动物在水中停止挣扎，呈漂浮状态，仅有轻微的肢体运动以保持头部浮在水面。不动时间越长表明抑郁程度越重。正常小鼠不动时间为检测时间的 40%～80%；正常大鼠不动时间为检测时间的 30%～70%。抑郁行为判断标准：不动时间与对照组相比显著性增加（$P<0.05$）。

b）游泳：动物进行流畅、协调的运动，动物四肢始终在水面以下。游泳时间和游泳距离越少，表明抑郁程度越重。

c）攀爬：动物四肢强有力伸出水面，并沿测试箱壁做剧烈的上下动作。5min 检测期内，SD 大鼠攀爬时间 60s～130s。攀爬时间越少，表明动物抑郁程度越重。

3.3 悬尾实验

3.3.1 实验原理

当动物尾巴被悬挂时，起初会剧烈挣扎试图逃脱，但几分钟后发现逃跑无望即处于不动状态，称为“行为绝望状态”。

3.3.2 实验材料

小鼠。

悬尾实验的基本装置是测试箱。现在多采用计算机、摄像或传感装置，以及软件系统等组成的自动化和智能化设备。

3.3.3 实验方法

a）实验开始前，动物尾部悬吊使小鼠呈倒悬体位，头部应与悬尾箱底面保持一定距离。

b）如同时进行多只动物实验时，每两只动物间应用不透明挡板隔开。

c）记录检测期动物的不动时间。

d）实验时间应为 6min，记录后 4min 内动物的不动时间。

3.3.4 评价指标

用不动、运动挣扎两类动作行为的时间进行判定。

a）不动：动物停止挣扎，身体呈垂直倒悬状态，静止不动。不动时间越长，表明抑郁程度越重。正常组 c57 小鼠不动时间较长，均值多大于 100s；正常组 ICR 小鼠不动时间均值多小于 100s。抑郁行为判断标准：不动时间与对照组相比有显著性增加（$P<0.05$）。

b）运动挣扎：动物有明显可见的挣扎运动。运动挣扎时间越短，表明抑郁程度越重。

3.4 糖水偏爱实验

3.4.1 实验原理

利用啮齿类动物对甜味的偏好而设计。动物禁食禁水一段时间后，同时给予饮用水和低浓度蔗糖水，以动物对蔗糖水的偏嗜度（蔗糖偏嗜度）为指标检测动物是否出现快感缺失这一抑郁症状。

3.4.2 实验材料

小鼠或大鼠。

饮水瓶装置。饮水瓶盛装液体体积大鼠应不少于 50mL、小鼠应不少于 30mL。纯水和蔗糖液体容量相同。

3.4.3 实验方法

a）大鼠蔗糖饮水训练：动物应单笼饲养，进行 48h 的蔗糖饮水训练。前 24h 给予两瓶 1%~2%蔗糖水，后 24h，一瓶给予 1%~2%蔗糖水，另一瓶给予饮用纯水（每隔 6h 交换两个水瓶位置）。

b）大鼠蔗糖偏嗜度测定：大鼠禁食禁水 14h~23h，自由饮用两瓶不同的水，其中一瓶为 1%~2%蔗糖水，一瓶为饮用纯水。测定 1h 内大鼠对两瓶水的饮用量（g）。

c）小鼠糖水偏爱实验：操作流程同大鼠。但在 48h 饮水训练时，应全程给予 1%~2%蔗糖水和饮用纯水（每隔 6h 交换两个水瓶位置），不需要禁食禁水，测定 8h~15h 内（中间宜交换两瓶位置 1 次）小鼠对两瓶水的饮用量（g）。

3.4.4 评价指标

应采用蔗糖偏嗜度作为评价指标。

蔗糖偏嗜度（%）=蔗糖水饮用量/（蔗糖水饮用量+饮用水饮用量）×100%。

抑郁行为判断标准：蔗糖偏嗜度低于 0.4 或者与对照组相比有显著性减低（$P<0.05$）。

3.5 旷场实验

3.5.1 实验原理

动物在新奇环境中出现探究活动增加。抑郁模型动物探究兴趣缺失，在新奇环境中活动减少。

3.5.2 实验材料

大鼠、小鼠。

旷场实验基本装置为测试箱。现在多采用计算机、摄像或传感装置，以及软件系统等组成的自动化和智能化设备。

3.5.3 实验方法

a）实验前，动物应适应检测环境 60min。

b）动物放入测试箱内，立即开始检测。

c）每次实验时应从同一位置、同一方向放入动物。

d）实验检测时间宜为 5min~10min。

3.5.4 评价指标

a）总路程：动物在实验记录时间内产生的物理位移累积。

b）速度：动物在单位时间产生的物理位移。5min 内正常动物总路程多为 1000cm~

2500cm，速度为 3cm/s ~ 8cm/s。动物出现抑郁行为时，速度减慢。

c）运动总时间：动物在实验记录时间内的产生物理位移时所需的时间累积。正常动物运动时间多大于检测时间的 30%。抑郁行为判断标准：与对照组相比有显著性减低（$P<0.05$）。

d）站立次数：动物在实验记录时间内的站立总次数。10min 检测时间，正常组大鼠站立次数 20 次 ~ 50 次；10min 检测时间，正常组小鼠站立次数 60 次 ~ 130 次。抑郁行为判断标准：与对照组相比有显著性减低（$P<0.05$）。

3.6　新奇物体探索实验

3.6.1　实验原理

基于动物先天寻求新奇事物的行为，在动物适应后的环境中引入新奇物体，动物对新奇物体探索行为增加。抑郁动物探索行为明显减弱。

3.6.2　实验材料

大鼠、小鼠。

基本装置包括测试箱、物体（圆柱体或长方体）。现多采用计算机、摄像或传感装置，以及软件系统组成的自动化和智能化设备。

3.6.3　实验方法

a）适应期：动物放入自发活动测试箱，适应 5min 后，取出，放回原笼。

b）测试期：在同一环境条件下引入一新物体（应放入中心位置），再将待测动物面壁放入测试箱，开始实验。

c）检测时间应为 10min。

3.6.4　评价指标

动物对新物体的探索标准：动物口鼻在新奇物体≤2cm 范围内，直指向新奇物体或直接接触物体。潜伏期：实验开始至动物首次主动探索（接触）物体的时间。如规定检测时间内，动物没有接触新物体，则潜伏期记录为检测时间。正常大鼠潜伏期多在 130s 以内。抑郁行为判断标准：与对照组相比潜伏期有显著性增加（$P<0.05$）。

4　焦虑行为实验方法

4.1　高架十字迷宫实验

4.1.1　实验原理

高架十字迷宫由于开臂和外界相通，对动物来说具有一定的新奇性，同时又具有一定的威胁性，这种新奇和威胁相结合，使动物产生焦虑。

4.1.2　实验材料

小鼠、大鼠。

高架十字迷宫基本实验装置是测试箱。测试箱由开臂、闭臂、中央平台区组成。测试箱底部宜距离地面一定的高度。现在多采用计算机、摄像或传感装置，以及软件系统等组成的自动化和智能化设备。

4.1.3　实验方法

a）将动物置于迷宫中央平台区，面向开臂，开始实验，无适应期。

b）实验时间应为 5min。

4.1.4 评价指标

以动物四肢全部进入开（闭）臂作为进出开（闭）臂的标准，判定指标如下。

a）开臂次数：实验时间内进入开臂的总次数。正常组动物开臂次数为 10 次 ~ 20 次，开臂次数与焦虑程度成反比。

b）开臂次数百分比：实验时间内动物进入开臂的次数/进入开臂和闭臂总次数之和×100%，正常组动物开臂次数百分比范围为 20% ~ 45%。开臂次数百分比与焦虑程度成反比。

c）开臂时间百分比：实验时间内，动物进入开臂的时间/进入开臂和闭臂的总时间之和×100%。正常组动物开臂时间百分比范围为 20% ~ 40%。开臂时间百分比与焦虑程度成反比。

d）总次数：实验时间内进入开臂和闭臂的总次数之和。正常组动物总次数范围为 20 次 ~ 30 次。

e）其他：闭臂次数和闭臂次数百分比（实验时间内进入闭臂的总次数/开臂和闭臂总次数之和）。这些指标值越高，表明动物焦虑程度越重。

4.2 明暗箱实验

4.2.1 实验原理

啮齿类动物喜暗避明，同时喜欢探究新奇环境，因此对明箱既产生回避行为，又有探究倾向，由此形成矛盾冲突状态，显示焦虑行为。

4.2.2 实验材料

大鼠、小鼠。

明暗箱实验基本装置为测试箱。测试箱宜为矩形或方形的立方体，应包括明室和暗室两室。现在多采用计算机、摄像或传感装置，以及软件系统等组成的自动化和智能化设备。

4.2.3 实验方法

a）实验开始时，从明室或暗室放入动物，无适应期，测试时间应为 5min ~ 10min。

b）观察动物进出明暗室的行为。

4.2.4 评价指标

a）动物在暗室中停留时间应大于总时间的 60%。

b）穿箱次数：动物进入暗室次数与进入明室次数之和。检测时间 5min，正常组动物穿箱次数为 5 次 ~ 20 次。穿箱次数越少，表示焦虑程度越轻。

c）明室时间：动物在明室停留的时间。正常组动物在明室的时间为总时间的 20% ~ 40%。明室时间越少，表示焦虑程度越重。

4.3 旷场实验

4.3.1 实验原理

动物由于对陌生环境的恐惧，主要在周边区域活动，在中央区域活动较少。同时，动物对陌生环境的新奇，又促使其产生在中央区域探究的动机。利用动物在旷场环境中恐惧和好奇探究形成的矛盾冲突，研究动物的焦虑状态。

4.3.2 实验材料

小鼠、大鼠。

基本装置包括测试箱。现在多采用计算机、摄像或传感装置，以及软件系统组成的自动化和智能化设备。

4.3.3 实验方法

a）实验开始时不应有适应期。实验检测时间宜为 5min ~ 10min。

b）实验开始时，动物放入旷场中央区开始实验，每次实验时应从同一位置、同一方向放入动物。

c）以测试箱中心为圆点，将测试箱划分中央区和边缘区。中心区宜划分测试箱总面积的 30% ~ 50%。

d）观察动物在自发活动测试箱的行为。

4.3.4 评价指标

a）总路程：动物在测试时间内产生的物理位移累积和速度。小鼠 5min 内的总路程为 1000cm ~ 2500cm。

b）中央区（周边区）路程：动物在中央（周边）区域内产生的物理位移累积。

c）中央（周边区）时间：实验时间内，动物在中央（周边）区域停留的时间，应包括运动时间和静止时间。

d）中央区路程比值：规定时间内，动物在中央区路程与总路程（中央区+周边区）的比值。正常动物为 10% ~ 20%。

e）中央区时间比值：规定时间内，动物在中央区停留的时间与总时间（中央区+周边区）的比值。正常动物为 5% ~ 15%。

f）总体路程和平均速度不变的条件下，中央区活动路程、总时间减少，表明动物的焦虑行为加重。

4.4 饮水冲突实验

4.4.1 实验原理

动物禁水一定时间后，会产生强烈的饮水动机，但一旦饮水时又给予动物电击惩罚使之产生恐惧，这种矛盾冲突反复出现，会使动物表现出经典的焦虑行为。

4.4.2 实验材料

大鼠、小鼠。

饮水冲突实验装置。基本装置是测试箱，内部包括电击和饮水部件。现多应用计算机、摄像，以及软件操作系统组成的自动化和智能化装置。

4.4.3 实验方法

a）非惩罚饮水训练：动物禁水 24h 后，应单只放入测试箱内，让其充分探究，直到发现瓶嘴并开始舔水，测试时间应为 3min。

b）惩罚实验：动物应继续禁水 24h，共 48h 后置于测试箱。动物找到瓶嘴并开始舔水后自动开始计数和计时，20 次舔水次数后给予一次电击（舔水与电击次数之比为 20∶1）。测试时间应为 3min。

4.4.4 评价指标

舔水次数：惩罚期内大鼠舔吸水管的次数。焦虑动物的舔水次数明显减少，抗焦虑药则可使舔水次数明显增多。检测期内，正常动物惩罚期舔水次数为 200 次 ~ 400 次。

5 行为实验评价原则

5.1 检测方法

研究抑郁、焦虑行为改变时，应至少采取上述抑郁、焦虑行为实验方法中的两种，每种实验方法应重复一次。

a）全部行为检测方法中，应都呈现同向性改变。

b）至少一次应表现出统计学上的显著性差异。

5.2 实验设计原则

a）必须经研究机构的实验动物管理和使用委员会（Institutional Animal Care and Use Committee，IACUC）审查并批准同意，严格遵守动物福利指南的3R原则。

b）行为学实验顺序的安排原则：一般先安排对动物应激较小的实验，再安排应激较大的实验。

c）针对不同的行为学实验，选择适合的动物品系。

5.3 行为学实验条件

a）动物购入实验室后适应3天。

b）实验前，实验者应对动物进行抚触，使动物熟悉、适应实验者。

c）动物在实验前，应适应检测环境60min。

d）实验环境条件：安静，光源为非直接照射光源，照度一般为20lux～40lux。特殊情况，如焦虑模型检测，照度可调至200lux～400lux。

e）同一测试箱内如进行多只动物实验，前只完成检测后，应对测试环境进行擦拭和清洁等，避免残存动物气味（水迷宫除外），再进行下一只动物的检测。

5.4 动物模型

a）新药、保健食品功效评价，应选择三种或以上不同致病原理模拟的动物模型。

c）至少两种模型显示出改善作用并出现统计学意义。

5.5 动物选择及阳性药物

a）应采用健康成年雄性动物。

b）女性特有的疾病应采用雌性动物。

c）每组实验动物数，大鼠应为8只～10只；小鼠应为10只～15只。

d）应根据模型原理、指标敏感性和研究目的，选择与受试药物活性成分或作用机制相似的上市药物作为阳性对照药。

5.6 实验数据处理

a）行为学实验结果以均数±标准误（mean±SEM）表示。

b）采用单样本K-S检验进行正态分布检验。

c）正态分布数据采用独立样本t检验或单因素方差分析（one-way ANOVA）。

d）不满足正态分布的数据采用非参数检验。

e）重复测量实验，采用重复测量方差分析进行数据统计。

实验动物科学丛书 **12**

丛书总主编　秦　川

Ⅸ实验动物工具书系列

中国实验动物学会团体标准汇编及实施指南

（第四卷）

（下册）

秦　川　主编

科学出版社

北　京

内 容 简 介

本书收录了由中国实验动物学会实验动物标准化专业委员会和全国实验动物标准化技术委员会（SAC/TC281）联合组织编制的第四批《中国实验动物学会团体标准汇编及实施指南》，分为五个部分：实验动物管理系列标准、实验动物质量控制系列标准、实验动物检测方法系列标准、实验动物产品系列标准和动物实验系列标准。内容涵盖实验动物病毒检测方法、配合饲料、微生物控制、隔离器、行为学规范、福利规范等方面，涉及实验用犬、猫、东方田鼠、无菌猪、小鼠、大鼠等多种动物，总计12项标准及相关实施指南。

本书适合实验动物学、医学、生物学、兽医学研究机构和高等院校从事实验动物生产、使用、管理和检测等相关研究、技术和管理的人员使用，也可供对实验动物标准化工作感兴趣的相关人员使用。

图书在版编目（CIP）数据

中国实验动物学会团体标准汇编及实施指南．第四卷 / 秦川主编．—北京：科学出版社，2020.4

（实验动物科学丛书）

ISBN 978-7-03-064564-7

Ⅰ.①中… Ⅱ.①秦… Ⅲ.①实验动物学—标准—中国 Ⅳ.① Q95-65

中国版本图书馆 CIP 数据核字（2020）第 036641 号

责任编辑：罗 静 刘 晶 / 责任校对：郑金红

责任印制：吴兆东 / 封面设计：刘新新

科 学 出 版 社 出版

北京东黄城根北街 16 号

邮政编码：100717

http://www.sciencep.com

北京捷迅佳彩印刷有限公司 印刷

科学出版社发行 各地新华书店经销

*

2020 年 4 月第 一 版 开本：787 × 1092 1/16

2020 年 4 月第一次印刷 印张：14

字数：306 000

定价：128.00 元（上下册）

（如有印装质量问题，我社负责调换）

编写人员名单

丛书总主编：　秦　川

主　　　编：　秦　川

副　主　编：　孔　琪

主要编写人员：

秦　川	中国医学科学院医学实验动物研究所
孔　琪	中国医学科学院医学实验动物研究所
赵　力	中国建筑科学研究院有限公司
吴伟伟	中国建筑科学研究院有限公司
曲连东	中国农业科学院哈尔滨兽医研究所
史　宁	中国农业科学院特产研究所
韩凌霞	中国农业科学院哈尔滨兽医研究所
周智君	中南大学
葛良鹏	重庆市畜牧科学院
孙　静	重庆市畜牧科学院
师长宏	中国人民解放军空军军医大学
刘新民	中国医学科学院药用植物研究所

秘　　　书：　董蕴涵　　中国医学科学院医学实验动物研究所

序

实验动物科学是一门新兴交叉学科，它集生物学、兽医学、生物工程、医学、药学、生物医学工程等学科的理论和方法，以实验动物和动物实验技术为研究对象，为相关学科发展提供系统生物学材料和相关技术。实验动物科学不仅直接关系到人类疾病研究、新药创制、动物疫病防控、环境与食品安全监测和国家生物安全与生物反恐，而且在航天、航海和脑科学研究中也具有特殊的作用与地位。

虽然国内外都出版了一些实验动物领域的专著，但一直缺少一套能够体现学科特色的系列丛书，来介绍实验动物科学各个分支学科、领域的科学理论、技术体系和研究进展。

为总结实验动物科学发展经验，形成学科体系，我从 2012 年起就计划编写一套实验动物的科学丛书，以展示实验动物相关研究成果，促进实验动物学科人才培养，以推动行业发展。

经过对系列丛书的规划设计后，我和相关领域内专家一起承担了编写任务。该丛书由我总体设计、规划、安排编写任务，并担任总主编，组织相关领域专家详细整理了实验动物科学领域的新进展、新理论、新技术、新方法，是读者了解实验动物科学发展现状、理论知识和技术体系的不二选择。根据学科分类、不同职业的从业要求，该丛书内容包括：I 实验动物管理、II 实验动物资源、III 实验动物基础科学、IV 比较医学、V 实验动物医学、VI 实验动物福利、VII 实验动物技术、VIII 实验动物科普和 IX 实验动物工具书，共计 9 个系列。

本书为 IX 实验动物工具书系列中的《中国实验动物学会团体标准汇编及实施指南》（第四卷），收录了中国实验动物学会第四批团体标准。

本批标准的发布与实施进一步完善了实验动物标准体系，将有助于规范实验动物的管理和使用，提升实验动物质量，对于科学研究、实验教学和动物实验均具有重要意义，可供广大实验动物科学、医学、药学、生物学、兽医学等相关领域科研、教学、生产等相关人员了解、学习和使用。

丛书总主编　秦川　教授

中国医学科学院医学实验动物研究所所长

北京协和医学院比较医学中心主任

中国实验动物学会理事长

2019 年 8 月

前　言

自 20 世纪 50 年代形成以来，实验动物科学已经在实验动物管理、实验动物资源、实验动物医学、比较医学、实验动物技术、实验动物标准化等方面取得了重要进展，积累了丰富的研究成果，形成了较为完善的学科体系。本书属于“实验动物科学丛书”中实验动物工具书系列的第四卷，是实验动物标准化工作的一项重要成果。

实验动物科学在中国有四十年的发展历史，在发展过程中有中国特色的积累、总结和创新。根据实际工作经验，结合创新研究成果，建立新型的标准，在标准制定和创新方面有“中国贡献”，以引领国际标准发展。此标准引领实验动物行业规范化、规模化有序发展，是实验动物依法管理和许可证发放的技术依据。此标准为实验动物质量检测提供了依据，减少人兽共患病发生。通过对实验动物及相关产品、服务的标准化，可促进行业规范化发展、供需关系良性发展、提高产业核心竞争力、加强国际贸易保护。通过对影响动物实验结果的各因素的规范化，可保障科学研究和医药研发的可靠性与经济性。

由国务院印发的《深化标准化工作改革方案》（国发〔2015〕13 号）中指出，市场自主制定的标准分为团体标准和企业标准。政府主导制定的标准侧重于保基本，市场自主制定的标准侧重于提高竞争力。团体标准是由社团法人按照团体确立的标准制定程序自主制定发布，由社会自愿采用的标准。

在国家实施标准化战略的大环境下，2015 年，中国实验动物学会（CALAS）联合全国实验动物标准化技术委员会（SAC/TC281）被国家标准化管理委员会批准成为全国首批 39 家团体标准试点单位之一（标委办工一〔2015〕80 号），也是中国科学技术协会首批 13 家团体标准试点学会之一。2017 年中国实验动物学会成为团体标准化联盟的副主席单位。

根据《中国实验动物学会团体标准管理办法》等有关规定，《实验动物　设施运行维护指南》等 12 项标准于 2018 年 6 月由中国实验动物学会实验动物标准化专业委员会批准立项，并组织制定、征求意见；2019 年 5 月 21 日由全国实验动物标准化技术委员会技术审查通过；2019 年 7 月 10 日经中国实验动物学会常务理事会批准发布；2019 年 8 月 1 日开始实施。标准内容涵盖实验动物病毒检测方法、配合饲料、微生物控制、隔离器、行为学规范、福利规范等方面，涉及实验用犬、猫、东方田鼠、无菌猪、小鼠、大鼠等多种动物。

本书是以我国实验动物标准化需求为导向，以实验动物国家标准和团体标准协调发展为核心，实施实验动物标准化战略，大力推动实验动物标准体系的建设，制定的一批关键性标准，可提高我国实验动物标准化水平和应用。

本书收录了中国实验动物学会团体标准第四批12项。为了配合这批标准的理解和使用，我们还以标准编制说明为依据，组织标准起草人编写了12项标准实施指南作为配套图书。参加本书汇编工作的主要人员有：秦川、孔琪、赵力、曲连东、史宁、韩凌霞、周智君、葛良鹏、孙静、师长宏、吴伟伟、刘新民等。希望各位读者在使用过程中发现问题，为进一步修订实验动物标准、推进实验动物标准化发展进程提出宝贵的意见和建议。

主编　秦川　教授

中国医学科学院医学实验动物研究所所长

北京协和医学院比较医学中心主任

中国实验动物学会理事长

2019年8月

目　　录

上　　册

第一篇　实验动物管理系列标准

第二篇　实验动物质量控制系列标准

第三篇　实验动物检测方法系列标准

第四篇　实验动物产品系列标准

第五篇　动物实验系列标准

下 册

第一篇 实验动物管理系列标准

第二篇 实验动物质量控制系列标准

第三篇 实验动物检测方法系列标准

第四篇 实验动物产品系列标准

第五篇 动物实验系列标准

第一篇

实验动物管理系列标准

第一章　T/CALAS 64—2019《实验动物　设施运行维护指南》实施指南

第一节　工 作 简 况

实验动物实验设施的良好运行与维护，是保证实验动物质量和动物实验结果可靠的必要条件。

为使实验动物设施在运行及维护过程中满足环境保护和实验动物饲养环境的要求，做到技术先进、经济合理、使用安全、维护方便，制定本标准。

本标准的编制工作是按照《中华人民共和国国家标准 GB/T 1.1—2009 标准化工作导则》第 1 部分“标准的结构和编写规则”及中国实验动物学会标准格式要求进行编写的。在制定过程中参考了国内外相关标准、文献，建立了可行的、较为全面的实验动物设施运行与维护的统一标准。

第二节　工 作 过 程

2017 年 10 月 16 日，中国建筑科学研究院有限公司召开了《实验动物　设施运行与维护》标准启动会，并按照团体标准编制要求和编写工作的程序，组成了由本单位专家和专业技术人员参加的编写小组，制定了编写方案，并就编制工作进行了任务分工。

2018 年 3 月 28 日，编制组在北京召开了第二次工作会议，会议对规范草稿进行讨论，确定了标准的框架及规范编制的重点。

2018 年 9 月 7 日，编制组在北京召开了第三次工作会议，会议对规范草稿进行了逐条讨论，形成了标准的征求意见稿。

2019 年 5 月 21 日，由全国实验动物标准化技术委员会组织的团体标准审查会在北京召开，会上对标准征求意见稿进行了审查，形成了专家意见。会后编制组根据专家意见进行了修改，形成了标准送审稿。

第三节　编 写 背 景

实验动物是生命科学研究最重要的、不可替代的实验材料，动物实验是研究包括人类在内的生命活动及其疾病防治规律的基本手段。实验动物生产和动物实验是一个动态的过程，保证相关设施处于良好的运行状态是保证实验动物质量和开展动物实验的前提。因此，实验动物生产或动物实验过程中所使用的实验动物设施，如装修、空调系统、给排水系统、电气系统、饲养设备等的良好运行与维护，是避免引起质量问题及事故发生、达到动物实验研究目的的必要保证。

由于相关标准的缺乏，我国实验动物设施落成投入使用后，普遍缺乏设施维护管理依据，造成实验设施和生产设施运行出现很多问题。

因此，为了使实验动物设施在运行中满足环境保护和实验动物饲养环境的要求，做到运行正常、使用安全、维护方便、经济合理，最大限度地约束和指导实验动物设施的运行管理行为，引导运行管理中行为的规范化和合理化，提供一个稳定、安全的实验环境，保证实验动物生产和动物实验研究的顺利达成，制定本标准。

第四节 编制原则

（1）科学性原则：在尊重科学、实践调研、总结归纳的基础上，制定本标准。

（2）实用性及可操作性原则：本标准从实验动物设施建筑、暖通、给水排水、电气与自控、气体系统及设施内专用设备等方面对其运行维护进行了规定，具有较好的可操作性。

（3）经济性原则：在保证满足科学研究需要的前提下，提出运行应尽量经济、节能，提高利用率，避免浪费。

（4）协调性原则：以规范我国实验动物设施运行及维护操作，进而提高我国实验动物质量和动物实验水平为核心，结合我国现行法律、法规和相关标准，制定本标准。

第五节 内容解读

本标准由范围、规范性引用文件、术语、建筑、暖通空调、给水排水、电气与自控、气体及专用设备、其他需要考虑的因素共10章构成。现将《实验动物 设施运行与维护》规范征求意见稿主要技术内容编制说明如下。

一、范围

本标准规定了实验动物设施运行维护的适用范围。

二、规范性引用文件

下列文件对于本标准的应用是必不可少的。凡是注明日期的引用文件，仅所注日期的版本适用于本文件。凡是不注日期的引用文件，其最新版本（包括所有的修改单）适用于本文件。

GB 5749 《生活饮用水卫生标准》

GB/T 8174 《设备及管道保温效果的测试与评价》

GB 14925 《实验动物 环境与设施》

GB 19489 《实验室 生物安全通用要求》

GB 50346 《生物安全实验室建筑技术规范》

GB 50447 《实验动物设施建筑技术规范》

三、建筑

1. 条款“4.1”适宜的消毒方式包括传递窗采用紫外灯消毒、采用甲醛消毒时一定要中和等。

2. 条款“4.6”是为了满足净化区的压力要求。

3. 条款“4.7”防止外来动物影响实验动物和实验动物外逃。

四、暖通空调

1. 条款“5.4”风口应经常擦洗，避免因长期结露、积尘造成霉斑滋生、风口褪色等问题。

2. 条款“5.5”密封是为了防止新、排风交叉污染；定期清洗换热翅片会提高热回收效果。

3. 条款“5.6”空调冷、热水的水质，应符合《工业循环冷却水处理设计规范》(GB 50050)的要求。

4. 条款“5.7”规定目的在于防止冷凝水管道漏风或负压段冷凝水排不出去，防止污染物通过冷凝水管进行传播。

空气处理设备的冷凝水盘常常由于排水坡度不够或排水管堵塞而积满了凝结水，在这种高湿环境下会使因过滤效果不佳而进入空气处理设备内的灰尘和微生物黏附到集水盘中，并大量繁殖，使室内空气质量恶化，所以应定期检查空气处理设备的凝结水集水部位，不应存在积水、漏水、腐蚀和有害菌群孳生现象。

5. 条款“5.9”设备及系统管道的保温应定期检查，如发现保温破损或隔汽层不严密会严重影响保温性能，造成系统热量损失增大，能耗增加。

6. 条款“5.11”各级过滤器宜设置压差报警装置且保证系统有效，当过滤器阻力达到终阻力值或者提示脏堵时，应安排清洗或更换，并做好每次操作记录。

7. 条款“5.13”加湿季节定期检查蒸汽疏水阀门、减压阀、比例调节的加湿阀和蒸汽管道，出现问题及时维修。

对于电极式加湿器：①根据当地水质情况，至少每半月检查一次加湿桶结垢情况，及时清理水垢和电极上面附着的水垢；②至少每半月检查一次加湿器排水情况，加湿器排水不畅将导致加湿桶内离子浓度升高，加湿电流增大，易烧坏加湿桶和电器控制部件；③每年加湿器使用结束后，应检查排水管道是否积存水垢，及时清除管道中水垢；④对于电极加湿器的蒸汽罐，每月检查蒸汽罐密封、电极等组件，定时进行清洁，当电极棒腐蚀时，应更换蒸汽罐。

对于电热式加湿器：①每年应检查加湿器水位浮子和加湿桶运行情况，及时清理异物，保持浮子上下运行顺畅；②每月检查排水泵运行情况，排水泵失效时及时更换新的排水泵；③若能够采用纯化水电热式加湿，将会大大减少维护工作量，成倍提高加湿器使用寿命；④若不能够实现纯化水加湿，应根据当地水质硬度情况，至少每月打开加湿桶检查电热管结垢情况，及时清理加湿桶内和电热管上的水垢，减少加热管烧坏的概率。

8. 条款“5.14”在维修、保养、清洗、节能、调试、改造等工程项目中，很多项目没有具体地对实施结果和有效期限予以量化约束，致使一些工程项目没有达到预期目的，不能解决问题。因此，本条文建议对改造项目进行量化控制，明确保证实施效果和有效期限，量化验收标准，实事求是地进行结果验收，明确责任；对有争议的项目，应委托第三方进行检测，确保合同的执行。

五、给水排水

1. 条款“6.1”是对建筑给排水系统运行和维护的基本要求，管道因渗漏或者结露发生的跑冒滴漏现象可能引起围护结构损坏，同时也是发生电气系统短路的隐患，并影响建筑装修的美观。

2. 条款“6.2”动物饮用水水质标准引用了 GB 14925《实验动物 环境与设施》中的相关要求。

3. 条款“6.3”实验动物设施排水系统经常因为动物毛发、垫料等堵塞管道，所以应定期检查，防止排水管道堵塞或者排水不畅。当排水系统阻塞污物较多时，容易滋生微生物，应及时进行清理。

4. 条款“6.4”排水设施长期不用，排水口及管道处于非充满状态，排水管道和排水口变成了房间和外界的通道，容易引起不同房间之间空气串通，造成交叉污染，尤其对于负压动物设施，更应该避免这种情况发生。

5. 条款“6.5”热水、蒸汽等管道保温层完好，可以减少能量损失，有利于系统达到设计要求，同时节约能量；管道的命名和流向标识清晰，便于系统的维护和管理。

6. 条款“6.6”紧急喷淋和洗眼装置因不是经常使用，应定期检查其性能是否正常、水质是否达标，确保其在紧急状态可以正常使用。

六、电气与自控

1. 条款“7.1”电气设备及线路随着使用时间的增长会逐渐老化，需要定期巡检，以确保供电可靠，排除短路、漏电、过热等隐患。

2. 条款“7.2”穿越非洁净区、洁净区的各类管线管口，是容易发生空气串通的位置，需要定期检查其密封性能，确保无空气串通。

3. 条款“7.3”为了保证房间要求的照度，需要定期检查遮光窗帘、调光装置等设施的动作是否正常，能否调节到要求的照度。

4. 条款“7.4”应定期检查维护紫外线灭菌灯具，以确保灭菌灯具的功能满足要求。

5. 条款“7.5”电加热设备用电功率大、温度高，需要定期检查其接地情况、风机连锁动作、断电保护等是否正常，以防发生过热起火、漏电等事故。

6. 条款“7.6”静电的累积容易产出电火花，成为火灾隐患，等电位接地可以避免不同位置间的电位差造成的人体触电事故，所以需要定期检查，排除事故隐患。

7. 条款“7.7”空调系统是能耗占比最大的系统，自控系统是空调系统节能运行的重要保障，需要定期检查维护自控系统的传感器、执行器等是否动作正常，确保控制正确。

8. 条款“7.8”视频监控系统是对日常运行情况的重要记录，是发现问题、查找事故原因的重要依据，需要定期检查维护，保障其正常动作，监控数据需要能够按规定的时间正常保存。

9. 条款“7.9”门禁系统是防止非法进入的重要保障，需要定期检查，确保其动作正常。在紧急情况、断电情况下，为了实现快速疏散、避免室内的人员无法疏散到室外，门禁系统必须能够实现安全打开疏散通道上所有的门。

10. 条款“7.10”应急、疏散指示照明灯具等设备是保障紧急情况下快速安全疏散的重要设备，需要定期检查以保证其动作正常。应急蓄电池的容量需要能够保障应急、疏散照明指示灯具所需应急照明时间，随着蓄电池使用时间的延长，容量会逐渐下降，当蓄电池容量不足时，需要及时更换。

七、气体系统

1. 条款“8.1”标识和标牌准确清晰，便于系统的维护和管理。

2. 条款“8.2”定期对气体系统进行泄露性试验，以保证气体系统正常工作、避免事故发生。

3. 条款“8.3”气体更换、管路维修后，需要系统进行交叉错接检验，避免管路连接错误。

4. 条款“8.4”需要定期检查气体系统的终端洁净度，确保气体系统未被污染。

5. 条款“8.5”需要定期对气体设备及备用系统、警报系统进行功能测试，确保出故障时能够及时发出警报。

6. 条款“8.6”测试仪器的传感探头随着使用时间的延长会发生漂移，测量值会慢慢偏离真实值，需要定期对维修和测试仪器进行校准并记录结果。

7. 条款“8.7”定期对气体设备进行安全检查，排除故障隐患。

八、专用设备

1. 条款“9.3”传递窗是洁净区与非洁净区之间互相传递器材的主要通道，其工作状态将直接影响传入（出）的器材状态，因此需要定期检查。

2. 条款“9.4”生物安全柜、动物隔离器及高压灭菌器是动物实验必要的部分仪器，生物安全柜起到保护实验人员的作用，动物隔离器则是保证实验动物洁净的仪器，而高压灭菌器是对医疗器械、动物饲料、垫料等实验用品进行消毒的主要设备。因此需要定期检查仪器的运转情况，保证实验人员及实验动物的安全。

3. 条款“9.7”应定期检查实验台的性能情况，保证正常实验操作。

九、其他需要考虑的因素

1. 条款“10.3”实验动物设施内紫外灯等开关有明确标识是为了防止工作人员误操作，危害工作人员安全。

2. 条款“10.4”为了防止对环境和人的危害，实验动物设施运行过程中产生的废气、污水、废弃物等都需进行无害化处理。

3. 条款“10.5”是为了保证建筑的安全、美观。

4. 条款“10.7”规定要求运行维护人员要掌握有关原理、性能和运行维护的操作规程，并应具有安全、卫生、节能等相关专业的知识等。

5. 条款“10.8”运行管理记录将作为了解系统状况，进行系统诊断、分析、采取技术管理、分析责任、管理评定的重要依据，记录应详细、准确和齐全。

6. 条款“10.9”设备使用应考虑生产商推荐的使用要求和维修说明书，同时还要符合相关标准的规定。

第六节 分析报告

规范实验动物设施的运行维护，保证实验动物质量与动物实验的可靠性，具有一定的经济与社会效益。

第七节 国内外同类标准分析

国内目前没有专门的实验动物设施运行维护规范，国际上相关指南中有类似说明。

第八节 与法律法规、标准的关系

本标准的编制依据为现行的法律、法规和国家标准，与这些文件中的规定相一致，目前实验动物国家标准中对于实验动物设施运行部分没有具体要求，本标准作为团体标准是对现有标准体系的有力补充与完善。

第九节 重大分歧意见的处理和依据

无。

第十节 作为推荐性标准的建议

建议作为推荐性标准使用。

第十一节 标准实施要求和措施

本标准发布实施后，建议积极开展宣贯、培训活动，面向各实验动物生产和动物实验的单位和个人，宣传贯彻标准内容。

第十二节 本标准常见知识问答

无。

第十三节 其他说明事项

无。

第二章　T/CALAS 73—2019《实验动物　福利伦理委员会工作指南》实施指南

第一节　工作简况

2015 年西安某医学院发生虐狗事件及近年来社会上发生的虐猫事件，都涉及实验动物的福利伦理问题，加速了实验动物福利伦理工作的发展。为此，各个单位开始成立实验动物福利伦理委员会，并在动物实验中发挥了一定的作用。但在全国范围内对实验动物福利伦理委员会的组成和运行管理模式缺乏统一的规范，部分单位存在实验动物福利伦理管理不到位、审批程序混乱，委员会对实验动物的福利伦理并没有起到应有的监管和指导作用。

2015 年 11 月，经过全国实验动物标准化技术委员会审查同意，由中国实验动物学会正式下达《实验动物福利伦理委员会工作指南》团体标准编制任务。承担单位为中国人民解放军空军军医大学和西安国联质量检测技术有限公司。

第二节　工作过程

自 2015 年 11 月，接到中国实验动物学会下达的编制任务之后，启动编制工作，编写人员开始了大量的文献检索和资料调研工作，并对收集的相关资料进行整理。2015 年 12 月，工作组召开了会议，讨论并确定了标准编制的原则和指导思想；制订了编制大纲和工作计划。2016 年工作组开始正式编写，初稿成型后，相关专家进行了修改，经过多次修改后，本标准征求意见稿在 2019 年 2 月完成。征求意见稿又经过全国实验动物标准化技术委员会专家的审议和修改，最终在 2019 年 6 月形成报批稿。

第三节　编写背景

近年来，随着人们对实验动物福利伦理工作的重视，相关的审查工作也日趋完善，因此，成立相应的实验动物福利伦理委员会并开展规范化的管理工作至关重要。国家对实验动物福利和伦理工作越来越重视，要求也越来越明确。2008年5月，科技部发布了《关于善待实验动物的指导性意见》（国科发财字[2006]第398号），这是我国第一个专门关于实验动物福利伦理管理的规范性文件，对实验动物福利理论提出了明确和具体的规定。随后各省份颁布实施的实验动物管理办法均对实验动物的福利和伦理工作进行了严格规范。

由于我国对外交流的增多和深化，一些科技、外贸、文化教育等行业和地区已经明显感受到来自国际有关实验动物福利伦理的呼声和压力，国内外公众呼吁动物保护和福利的呼声日渐高涨。面对这一大的趋势，中国实验动物学会有必要加强该领域的相关工作，以保障我国实验动物科技事业健康和可持续的发展，不断推动实验动物行业福利理论水平的提升。建立相应的福利伦理委员会不仅能打破国外借动物保护对我国实施的技术壁垒，同时还能规范发展我国的动物福利伦理工作，提升实验动物行业的国际竞争力。

但我们清楚地认识到我国的实验动物福利伦理工作起步较晚，各级委员会在实际运行当中还有诸多问题亟待解决，相关管理和技术人员对委员会的职能、职责和运行管理方式缺乏明确认识。例如，部分单位并不知道实验动物福利伦理委员会如何组成；很多单位虽然成立福利伦理委员会，但管理和审核工作流于形式；很多单位既是裁判员又是运动员，没能起到委员会监督的根本作用；部分伦理委员会的审批人员没有相应的技术水平，不能为实验人员提供具体的措施和建议，没能发挥委员会技术指导的优势。本标准的编制，就是要明确实验动物福利伦理委员会的根本性质和作用，指导各级实验动物福利伦理委员会如何建立、运行和管理，明确何种技术人员能进行相应的监督工作，对涉及实验动物福利伦理的项目如何进行审核和评价工作，当好裁判员，为实验动物的生产和使用提供科学、规范的指导。

第四节 编制原则

（1）实验动物福利伦理原则：委员会的主要职责是指导和规范实验动物的福利及伦理工作，因此委员会需要在全面、客观地评估动物所受的伤害和应用者由此可能获取的利益基础上，负责任地出具实验动物或动物实验伦理审查报告。科研人员则依据上述原则实施动物实验。

（2）实用性原则：不同行业和领域的动物实验有其特殊性，针对不同研究课题和研究内容涉及的实验动物福利伦理要求有所不同。因此，委员会的运行和管理不仅要符合共性原则，也要结合不同单位、行业、领域和课题的自身特点，满足研究的实际需要。不同科研项目的组织形式、所处行业、实验内容及种类等不同，在福利伦理的监督和审核上也应有所区别。

（3）可操作性原则：委员会所提出的原则、方法和标准能够在实验动物的生产和使用中具体实现，指导实验动物工作的实际展开，这是对委员会监督审核人员的最基本要求，也是从实验人员实际操作方面来考虑。

第五节 内容解读

一、范围

本标准规定了实验动物福利伦理委员会（以下简称委员会）组织结构、职责与权限、福利伦理审查工作基本原则，明确了动物实验福利伦理方案的审查、委员会工作程序及要求。

本标准适用于实验动物福利伦理委员会开展工作。

二、规范性引用文件

GB/T 35892—2018 《实验动物 福利伦理审查指南》
GB 14925—2012 《实验动物 环境及设施》
GB/T 27416 《实验动物机构 质量和能力的通用要求》
T/CALAS 52—2018 《实验动物 动物实验方案审查方法》
RB/T 173—2018 《实验动物人道终点评审指南》
国科发财字［2006］第398号关于善待实验动物的指导性意见

三、术语和定义

GB 14925—2010、GB/T 35892—2018，以及下列术语和定义适用于本标准。

1.

实验动物福利伦理委员会 Laboratory Animal Welfare and Ethics Committee

开展有关实验动物福利伦理方面的宣传、培训、技术咨询和专业评估的部门。

2.

安乐死 euthanasia

人道地终止动物生命的方法，最大限度地减少或消除动物的惊恐和痛苦，使动物安静和快速地死亡。

3.

工作规程 work specification

将工作程序贯穿一定的标准、要求和规定。

第六节 分析报告

实验动物福利伦理对生命科学的研究结果、社会人文道德、经济贸易等方面有一定的影响。尤其是在科学研究方面，当实验动物的福利伦理无法得到保障时，实验动物的心理和生理都会处于不正常的应激状态，影响生命科学、医学等学科的成果产出、成果转化及创新研究。在生物医药产业中，动物实验中的福利伦理审查是药品和保健品获得批号及国际通行证的前提条件，制约着我国的生物医药产品走向世界；实验动物饲养管理和运输中的福利伦理问题也影响着我国实验动物产品的出口。根据我国现有的国情，需要有效应对实验动物的福利伦理问题，需要相关社团加强合作，规范实验动物福利伦理委员会工作，指导相关工作科学、有序开展，不断夯实工作基础。

第七节 国内外同类标准分析

本标准为国内原创标准。国际上虽有类似标准，但均是针对各单位具体情况制定，对国内工作缺乏适用性。

第八节 与法律法规、标准的关系

本规范内容与GB/T 35892—2018《实验动物 福利伦理审查指南》《国科发财字(2006)第398号关于善待实验动物的指导性意见》相符，无内容冲突。本标准内容遵照GB 14925—2012《实验动物 环境及设施》和《实验动物管理条例》相关要求。

第九节 重大分歧意见的处理经过和依据

无。

第十节 作为推荐性标准的建议

建议作为推荐性标准使用。

第十一节 标准实施要求和措施

本标准发布实施后，建议积极开展宣贯培训活动，面向各行业开展动物实验的机构和个人，宣传贯彻标准内容。

第十二节 本标准常见知识问答

1. 本标准与GB/T 35892—2018标准相比有何不同？

答：本标准与GB/T 35892—2018《实验动物 福利伦理审查指南》有本质区别。本标准重点针对开展实验动物相关工作的单位或组织，指导其建立实验动物福利伦理委员会，并对委员会的日常工作程序及工作内容进行了规定，可根据各单位或组织的实际情况推动福利伦理审查工作，是具体单位或组织开展实验动物福利伦理委员会工作的指导性标准，是GB/T 35892—2018的延伸，对实验动物福利伦理审查工作的具体实施具有指导性意义。

2. 本标准的重点内容是什么？

答：本标准的重点内容部分是"委员会的工作细节"。该部分详细规定了实验动物福利伦理委员会的会议召开、人员培训、审查工作、对本机构内部的审查、对外部机构的审查、实验方案审批后的监督检查、现场调查及其他审查工作等内容。

3. 本标准中关于"委员会主席的任职(资格)条件"的规定中为什么没有职称的要求？

答：实验动物福利伦理委员会成员及主席只需要熟悉实验动物安全管理相关的法律、法规和政策，了解实验动物行政管理和技术操作规范，具有奉献精神，工作责任心强，满足这些基本条件即可，该委员会并不是学术组织，不需要有一定学术职称才可胜任。

4. 本标准中规定的委员会的职责和权限有哪些？

答：本标准中重点规定了建立委员会的各项管理制度和职责，并制订委员会章程和各项年度计划，审查并监督有关实验动物的工作是否符合福利伦理原则，规定了委员会的会议制度、审查管理制度和文档保存制度等。

5. 本标准中委员会对人员培训的方向和内容有什么要求？

答：委员会主要制订每年的培训计划和方案，规定参加培训人员范围。培训的方向和内容主要为实验动物的福利伦理知识和动物实验相关工作的福利伦理要求。

6. 实验动物福利伦理审批的形式有哪些？

答：实验动物福利伦理审批可以通过会议审批，也可以是纸质审批，还可以采用电子邮件等通讯形式进行福利伦理审批。

7. 动物实验方案福利伦理审查的关注要点有哪些？

答：本标准中详细罗列了动物实验中福利伦理审查的关注点，其中包含了除 GB/T 35892—2018 中规定以外的其他审查要点，如动物的营养、饮食饮水、动物实验中的保定条件、麻醉剂量和时间、手术条件、术后护理等细致的要求，以及危险品的使用是否有相应的安全措施、仁慈终点的设定，甚至规定了非预期的结果处理和废弃物的处理等动物实验中涉及的具体操作方案的福利伦理要求。

8. 不人道对待动物的行为有哪些？

答：本标准中列举了一些不人道对待动物的行为，但是也不局限于所列举的行为，并规定对这些行为进行严肃的调查、培训及整顿。

9. 实验动物福利伦理委员会的记录要求有哪些？

答：标准中规定了须有专人负责委员会文件的管理工作，且规定了所有文件的保存期限为 5 年；列举了一些需要保存的记录文件，但是也不局限于所列举文件。

第十三节 其他说明事项

无。

参考文献

王建飞. 2012. 实验动物管理和使用指南. 上海：科学技术出版社.

中国科学技术协会. 2016. 2014—2015 实验动物学学科发展报告. 北京：中国科学技术出版社.

第二篇

实验动物质量控制系列标准

第三章　T/CALAS 69—2019《实验动物　东方田鼠配合饲料》实施指南

第一节　工 作 简 况

东方田鼠为哺乳纲啮齿目仓鼠科田鼠亚科田鼠属，中文俗名沼泽田鼠、远东田鼠、大田鼠、苇田鼠、水耗子、长江田鼠、豆杵子，英文名 reed vole，拉丁名 *Microtus fortis*，主要分布在我国，其中以长江流域为主要分布地。日本血吸虫可感染包括人类在内的约 40 种哺乳动物，而在我国洞庭湖，日本血吸虫病疫区栖居的野生动物东方田鼠对日本血吸虫具有抗感染性，是目前所知的唯一对日本血吸虫感染有特殊抗性的啮齿类哺乳动物，而且这种性状能稳定地进行遗传。

东方田鼠作为新的科技基础条件资源，其微生物、寄生虫等级及监测方法的标准化是重要环节。但是，东方田鼠标准化一致研究还没开展。2010 年，中南大学在湖南省科技厅科研条件创新专项计划立项资助下开展了东方田鼠标准化研究［“实验东方田鼠标准化研究”（2010TT1006，湖南省科技厅）］。2010 年 4 月至 2013 年 12 月，完成《实验东方田鼠饲养与质量控制技术规范》地方标准编制。2014 年 10 月，《实验东方田鼠饲养与质量控制技术规范》地方标准发布。2014 年 12 月，《实验东方田鼠饲养与质量控制技术规范》地方标准实施。目前国家尚未出台实验用东方田鼠的国家标准，2018 年 5 月，经过全国实验动物标准化技术委员会审查同意，由中国实验动物学会下达《实验动物　东方田鼠配合饲料》团体标准编制任务，由中南大学牵头，与长沙海关、湖南师范大学、湖南中医药大学等单位共同承担《实验动物　东方田鼠配合饲料》中国实验动物学会团体标准的编写任务。

第二节　工 作 过 程

2010 年 4 月至 2013 年 12 月，完成《实验东方田鼠饲养与质量控制技术规范》地方标准编制。

2014 年 10 月，《实验东方田鼠饲养与质量控制技术规范》地方标准颁布实施。

2018 年 1 月，向全国实验动物标准化技术委员会提出东方田鼠中国实验动物学会团体标准编制申请。

2018 年 5 月，收到全国实验动物标准化技术委员会的立项批复通知后，立即启动编制工作，成立了标准编制小组，编制小组召开会议，讨论并确定了标准编写的原则、指导思想，并进行了分工安排。

2018 年 5 ~ 10 月，完成了《实验动物　东方田鼠配合饲料》征求意见稿和编制说明初稿。

2018 年 11 月，由中国实验动物学会面向实验动物行业单位公开征求意见。

2019 年 5 月，编制小组整理汇总专家对本标准征求意见稿提出的问题，同时对标准格式进行了规范，最终形成标准送审稿和编制说明。中国实验动物学会实验动物标准化委员会邀请全国的实验动物专家，组织召开了标准审查会议，起草单位在审查会上详细汇报了本标准（送审稿），现场专家们认真讨论了本标准送审稿、编制说明、征求意见汇总处理，提出了修改意见和建议。

2019 年 6 月，标准编制小组对专家意见进行了修改，形成本标准报批稿。

第三节　编 写 背 景

饲料标准是实验动物标准化（质量控制）中的重要组成部分，目前国家尚未出台实验用东方田鼠的国家标准，除湖南省外，其余各地方也没有实验用东方田鼠的地方标准。

东方田鼠作为新的科技基础条件资源，其营养的标准化是质量标准化的重要环节，是东方田鼠保持正常生长发育、生理生化水平不可或缺的条件，也是保证实验结果稳定、可靠最为重要的条件。目前尚无东方田鼠配合饲料的相关标准。因为东方田鼠与常见实验动物相比具有一些不同的生物学特性，如体重介于大鼠和小鼠之间、为草食动物、对粗纤维要求较高等，因此，对东方田鼠制定合理配合饲料标准，才能做到合理饲喂，确保实验东方田鼠质量标准化。

第四节　编 制 原 则

本标准在制定中应遵循以下基本原则：

（1）本标准编写格式应符合 GB/T 1.1—2009 的规定。

（2）本标准规定的技术内容及要求应科学、合理，具有适用性和可操作性。

（3）本标准的水平应达到国内领先水平。

第五节　内 容 解 读

本标准由范围、规范性引用文件、术语和定义、质量与卫生要求、营养成分要求、营养成分测定要求、检测规则，以及标签、包装、运输、储存要求共 8 部分组成，现将主要技术内容说明如下。

一、范围

本标准规定了东方田鼠配合饲料的质量与卫生要求、营养成分要求、营养成分测定要求、检测规则，以及标签、包装、储存和运输要求。

本标准适用于东方田鼠配合饲料的质量控制。

二、规范性引用文件

下列文件对于本文件的应用是必不可少的。凡是注明日期的引用文件，仅所注日期的版本适用于本文件。凡是不注日期的引用文件，其最新版本（包括所有的修改单）适用于本文件。

GB 14924.1—2001 《实验动物 配合饲料通用质量标准》

GB 14924.2—2001 《实验动物 配合饲料卫生标准》

GB/T 14924.9 《实验动物 配合饲料常规营养成分的测定》

GB/T 14924.10 《实验动物 配合饲料氨基酸的测定》

GB/T 14924.11 《实验动物 配合饲料维生素的测定》

GB/T 14924.12 《实验动物 配合饲料矿物质和微量元素的测定》

DB43/T 951—2014 《实验东方田鼠饲养与质量控制技术规范》

三、术语和定义

下列术语和定义适用于本文件。

1.

配合饲料 formula feed

根据饲养东方田鼠的营养需要，将多种饲料原料按饲料配方经工业化生产的均匀混合物。

2.

生长饲料 growth diet

适用于离乳后处于生长阶段东方田鼠的配合饲料。

3.

维持饲料 maintenance diet

适用于除生长期、繁殖阶段以外成年东方田鼠的配合饲料。

4.

繁殖饲料 reproduction diet

适用于妊娠期和哺乳期的雌性东方田鼠的配合饲料。

四、质量与卫生要求

质量要求总原则、饲料原料质量和配合饲料卫生要求应符合 GB 14924.1—2001、GB 14924.2—2001 的规定；无特殊病原体东方田鼠配合饲料应进行高压消毒灭菌或辐射灭菌，以符合其特殊要求。

五、营养成分要求

（一）常规营养成分指标

东方田鼠配合饲料常规营养成分应符合表 1 的规定。

表 1 常规营养成分指标

项目	维持	生长	繁殖
水分和其他挥发性物质/%	≤10	≤10	≤10
粗脂肪/%	≥3	≥3	≥3
粗蛋白/%	≥18	≥20	≥22
粗纤维/%	≥10	≥10	≥10
粗灰分/%	≤9	≤9	≤9

（二）氨基酸指标

东方田鼠配合饲料的必需氨基酸指标应符合表 2 的规定。

表 2 必需氨基酸指标

项目	维持	生长	繁殖
赖氨酸/%	≥0.82	≥1.00	≥1.32
甲硫氨酸+胱氨酸/%	≥0.53	≥0.53	≥0.78
精氨酸/%	≥0.99	≥0.99	≥1.10
组氨酸/%	≥0.34	≥0.34	≥0.40
异亮氨酸/%	≥0.70	≥0.70	≥1.03
亮氨酸/%	≥1.44	≥1.44	≥1.76
色氨酸/%	≥0.24	≥0.24	≥0.28
苯丙氨酸+酪氨酸/%	≥1.10	≥1.50	≥1.35
缬氨酸/%	≥0.72	≥0.72	≥0.80
苏氨酸/%	≥0.65	≥0.65	≥0.75

（三）维生素指标

东方田鼠配合饲料维生素指标应符合表 3 的规定。

表 3 维生素指标（每千克饲料含量）

项目	维持	生长	繁殖
烟酸/mg	≥45	≥50	≥60
泛酸/mg	≥17	≥19	≥24
叶酸/mg	≥4.00	≥4.50	≥6.00
生物素/mg	≥0.10	≥0.10	≥0.20
胆碱/mg	≥1.25	≥1.25	≥1.25
维生素 A/IU	≥7.00	≥10.00	≥14.00
维生素 E/IU	≥50	≥70	≥120
维生素 K/IU	≥3	≥5	≥5
维生素 B_1/IU	≥7	≥10	≥10
维生素 B_2/IU	≥8	≥9	≥9
维生素 B_6/IU	≥6	≥9	≥9

（四）常量和微量矿物质指标

东方田鼠配合饲料常量和微量矿物质指标应符合表4的规定。

表4 常量和微量矿物质指标（每千克饲料含量）

项目	维持	生长	繁殖
钙/g	≥10	≥12	≥15
总磷/g	≥6	≥6	≥8
钠/g	≥2.0	≥2.0	≥2.0
镁/g	≥2.0	≥2.0	≥2.0
钾/g	≥6	≥6	≥10
铁/mg	≥100	≥100	≥120
锰/mg	≥75	≥75	≥75
铜/mg	≥10	≥10	≥10
锌/mg	≥30	≥30	≥30
碘/mg	≥0.3	≥0.3	≥0.5
硒/mg	0.1 ~ 0.2	0.1 ~ 0.2	0.1 ~ 0.2

六、营养成分测定要求

东方田鼠配合饲料营养成分、必需氨基酸、维生素、矿物质和微量元素的测定按GB/T 14924.9、GB/T 14924.10、GB/T 14924.11、GB/T 14924.12的规定执行。

七、检测规则

检测规则应符合GB 14924.1的规定。

八、标签、包装、运输、储存要求

标签、包装、运输和储存要求等应符合GB 14924.1的规定。

第六节 分析报告

本标准作为东方田鼠的配合饲料的技术要求，可参考本技术要求对于检测方法进行验证并编制报告。

第七节 国内外同类标准分析

目前国内外尚无对东方田鼠配合饲料提出具体技术要求的标准，本标准为第一个东方田鼠配合饲料的团体标准。

第八节 与法律法规标准的关系

本标准严格遵守了国家《实验动物管理条例》《实验动物质量管理办法》等法规，同时也参考了实验动物相关的国家标准、湖南省地方标准。标准文本符合现行国家实验动物管理法规和实验动物标准的基本精神，没有与国家其他法律法规相抵触的内容。本标准作为团体标准是对现有标准的有利补充。

第九节 重大分歧意见的处理和依据

无。

第十节 作为推荐性标准的建议

建议作为推荐性标准使用。

第十一节 标准实施要求和措施

本标准发布实施后，建议积极开展宣贯、培训活动，面向各实验动物生产和动物实验的单位和个人，宣传贯彻标准内容。

第十二节 本标准常见知识问答

无。

第十三节 其他说明事项

无。

第四章　T/CALAS 70—2019《实验动物　东方田鼠微生物学和寄生虫学等级及监测》实施指南

第一节　工 作 简 况

东方田鼠为哺乳纲啮齿目仓鼠科田鼠亚科田鼠属，中文俗名沼泽田鼠、远东田鼠、大田鼠、苇田鼠、水耗子、长江田鼠、豆杵子，英文名 reed vole，拉丁名 *Microtus fortis*，主要分布在我国，其中以长江流域为主要分布地。日本血吸虫可感染包括人类在内的约 40 种哺乳动物，而在我国洞庭湖，日本血吸虫病疫区栖居的野生动物东方田鼠对日本血吸虫具有抗感染性，是目前所知的唯一对日本血吸虫感染有特殊抗性的啮齿类哺乳动物，而且这种性状能稳定地进行遗传。

东方田鼠作为新的科技基础条件资源，其微生物、寄生虫等级及检测方法的标准化是重要环节。但是，东方田鼠标准化研究一直还没开展。2010 年，中南大学在湖南省科技厅科研条件创新专项计划立项资助下开展了东方田鼠标准化研究［“实验东方田鼠标准化研究”（2010TT1006，湖南省科技厅）］。2010 年 4 月至 2013 年 12 月，完成《实验东方田鼠饲养与质量控制技术规范》地方标准编制。2014 年 10 月，《实验东方田鼠饲养与质量控制技术规范》地方标准发布。2014 年 12 月，《实验东方田鼠饲养与质量控制技术规范》地方标准实施。目前国家尚未出台实验用东方田鼠的国家标准，2018 年 5 月 0 经过全国实验动物标准化技术委员会审查同意，由中国实验动物学会下达《实验动物　东方田鼠微生物与寄生虫学等级及监测》团体标准编制任务，由中南大学牵头，与长沙海关、湖南师范大学、湖南中医药大学等单位共同承担《实验动物　东方田鼠微生物与寄生虫学等级及监测》中国实验动物学会团体标准的编写任务。

第二节　工 作 过 程

2010 年 4 月至 2013 年 12 月，完成《实验东方田鼠饲养与质量控制技术规范》地方标准编制。

2014 年 10 月，《实验东方田鼠饲养与质量控制技术规范》地方标准颁布实施。

2018 年 1 月，向中国实验动物学会实验动物标准化专业委员会提出东方田鼠中国实验动物学会团体标准编制申请。

2018 年 5 月，收到中国实验动物学会实验动物标准化专业委员会的立项批复通知后，立即启动编制工作，成立了标准编制小组，编制小组召开会议，讨论并确定了标准编写的原则、指导思想，并进行了分工安排。

2018 年 5～10 月，完成了《实验动物 东方田鼠微生物与寄生虫学等级及监测》征求意见稿和编制说明初稿。

2018 年 11 月，由中国实验动物学会面向实验动物行业单位公开征求意见。

2019 年 5 月，编制小组整理汇总专家对本标准征求意见稿提出的问题，同时对标准格式进行了规范，最终形成标准送审稿和编制说明。

2019 年 5 月 21 日，中国实验动物学会实验动物标准化专业委员会邀请全国的实验动物专家，组织召开了标准审查会议，起草单位在审查会上详细汇报了本标准（送审稿），现场专家们认真讨论了本标准送审稿、编制说明、征求意见汇总处理，提出了修改意见和建议。标准编制小组对专家意见进行了修改，形成本标准报批稿。

第三节 编写背景

微生物等级及监测是实验动物标准化（质量控制）中的重要组成部分。目前国家尚未出台实验用东方田鼠的国家标准，除湖南省外，其余各地方也没有实验用东方田鼠的地方标准。东方田鼠作为新的科技基础条件资源，其微生物、寄生虫等级及检测方法的标准化是质量标准化的重要环节。制定此标准可排除能够诱发人畜共患病、动物烈性传染病及对实验有重大干扰的微生物和寄生虫，保证实验动物从业人员身体健康、动物生产正常进行和动物实验结果可靠。

第四节 编制原则

本标准在制定中应遵循以下基本原则：

（1）本标准编写格式应符合 GB/T 1.1—2009 的规定；

（2）本标准规定的技术内容及要求应科学、合理，具有适用性和可操作性；

（3）本标准的水平应达到国内领先水平。

第五节 内容解读

本标准由范围、规范性引用文件、术语和定义、东方田鼠等级分类、缩略语、检测要求、检测程序、检测规则、检测方法、结果判定、判定结论共 11 部分组成，现将主要技术内容说明如下。

一、范围

本标准规定了东方田鼠的微生物学与寄生虫学等级分类、检测要求、检测程序、检测规则、检测方法、结果判定、判定结论等。

本标准适用于东方田鼠微生物学与寄生虫学等级监测。

二、规范性引用文件

下列文件对于本文件的应用是必不可少的。凡是注明日期的引用文件，仅所注日期的版本适用于本文件。凡是不注日期的引用文件，其最新版本（包括所有的修改单）适用于本文件。

NY/T 541	《动物疫病实验室检验采样方法》
GB/T 14926.50 ~ 14926.55	《实验动物微生物学检测方法》
GB 19489	《实验室　生物安全通用要求》
GB/T 14926.1	《实验动物　沙门菌检测方法》
GB/T 14926.4	《实验动物　皮肤病原真菌检测方法》
GB/T 14926.5	《实验动物　多杀巴斯德杆菌检测方法》
GB/T 14926.6	《实验动物　支气管鲍特杆菌检测方法》
GB/T 14926.8	《动物实验　支原体检测方法》
GB/T 14926.9	《实验动物　鼠棒状杆菌检测方法》
GB/T 14926.10	《实验动物　泰泽病原体检测方法》
GB/T 14926.12	《实验动物　嗜肺巴斯德杆菌检测方法》
GB/T 14926.13	《实验动物　肺炎克雷伯杆菌检测方法》
GB/T 14926.14	《实验动物　金黄色葡萄球菌检测方法》
GB/T 14926.17	《实验动物　绿脓杆菌检测方法》
GB/T 14926.19	《实验动物　汉坦病毒检测方法》
GB/T 14926.23	《实验动物　仙台病毒检测方法》
GB/T 14926.24	《实验动物　小鼠肺炎病毒检测方法》
GB/T 14926.25	《实验动物　呼肠孤病毒 III 型检测方法》
GB/T 14926.46	《实验动物　钩端螺旋体检测方法》
GB/T 14926.50	《实验动物　酶联免疫吸附试验》
GB/T 14926.52	《实验动物　免疫荧光试验》
GB/T 18448.1	《实验动物　体外寄生虫检测方法》
GB/T 18448.2	《实验动物　弓形虫检测方法》
GB/T 18448.6	《实验动物　蠕虫检测方法》
GB/T 18448.10	《实验动物　肠道鞭毛虫和纤毛虫检测方法》

三、术语和定义

下列术语和定义适用于本文件。

1. 普通级东方田鼠 conventional（CV）*Microtus fortis*

经人工培育，遗传背景明确或者来源清楚，对其携带的微生物和寄生虫实行控制，不携带所规定的人兽共患病病原和烈性传染病病原，用于科学研究、教学、生产和检定，以及其他科学实验的东方田鼠，简称普通级东方田鼠。

2. 无特定病原体级东方田鼠 specific pathogen free（SPF）*Microtus fortis*

除普通级东方田鼠应排除的病原外，不携带主要潜在感染或条件致病和对科学实验干扰大的病原的东方田鼠，称无特定病原体级东方田鼠，简称 SPF 级东方田鼠。

四、东方田鼠等级分类

东方田鼠微生物学和寄生虫学等级分为普通级和无特定病原体级两个等级。

五、缩略语

IFA：免疫荧光试验
ELISA：酶联免疫吸附试验
PCR：聚合酶链反应
IHA：间接血凝试验
ME：显微镜检查

六、检测要求

（一）外观指标

动物外观检查无异常。

（二）病原微生物和寄生虫检测项目

各等级东方田鼠病原微生物和寄生虫检测项目见表 1。

表 1 各等级东方田鼠病原微生物和寄生虫检测项目

动物等级	病原微生物与寄生虫	检测要求
普通级	汉坦病毒 Hantavirus（HV）	●
	致病性沙门菌 *Salmonella*	●
	体外寄生虫（节肢动物） *Ectoparasites*	●
	弓形虫 *Toxoplasma gondii*	●
	钩端螺旋体 *Leptospira*	●
无特定病原体级	支气管鲍特杆菌 *Bordetella bronchiseptica*	●
	多杀性巴斯德杆菌 *Pasteurella multocida*	●
	鼠棒状杆菌 *Corynebacterium kutscheri*	●
	泰泽病原体 *Tyzzer's organism*	●
	支原体 Mycoplasma	●
	仙台病毒 Sendai Virus（SV）	●
	嗜肺巴斯德杆菌 *Pasterurella pneumotropica*	●
	肺炎克雷伯杆菌 *Klebsiella pneumonia*	●
	金黄色葡萄球菌 *Staphylococcus aureus*	●
	绿脓杆菌 *Pseudomonas aeruginosa*	●
	小鼠肺炎病毒 Pneumonia Virus of Mice（PVM）	○
	呼肠孤病毒Ⅲ型 Reovirus type Ⅲ（Reo-3）	○

●必须检测项目，要求阴性；○必要时检测项目，要求阴性。

（三）检测项目分类

1. 必须检测项目

在进行东方田鼠质量评价时必须检测的项目，要求阴性。必须检测项目用“●”表示。

2. 必要时检测项目

在引进东方田鼠时、怀疑有本病流行时、申请实验动物生产许可证时必须检测的项目。必要时检测项目用“○”表示。

七、检测程序

检测程序见图 1。

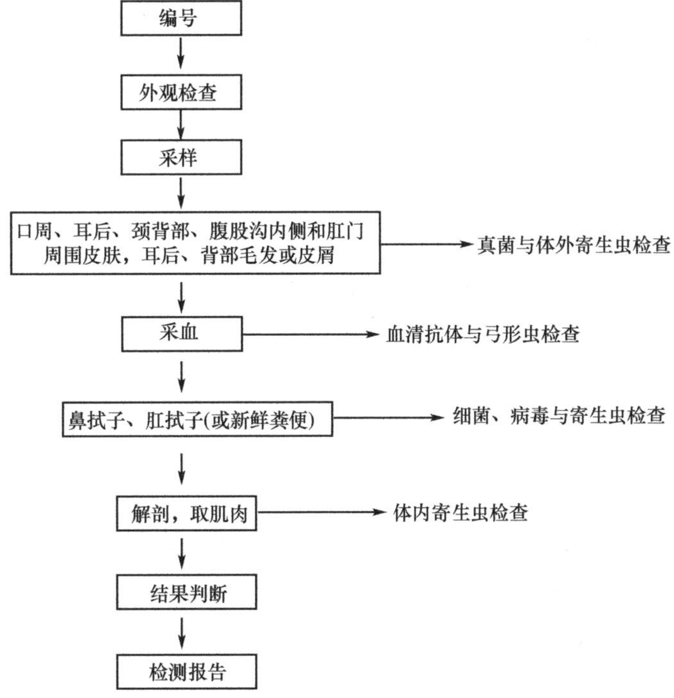

图 1 检测程序

八、检测规则

（一）检测频率

每三个月至少检测一次。

（二）采样

1. 方式

选择成年东方田鼠用于检测，随机取样。

2. 方法

按真菌、病毒、细菌与寄生虫要求联合取样，采样方法按照标准 NY/T 541 进行。

3. 数量

根据东方田鼠群体大小，采样数量见表 2。

表 2 采样数量 （单位：只）

群体大小	采样数量
<100	不少于 5
100 ~ 500	不少于 10
>500	不少于 20

注：若样本为血液，每只采样量不少于 1mL。

（三）送检要求

样本要求有明显标识，安全送达实验室，送检单应写明检品名称、品系、等级、数量及检测项目等内容。样品的处理应符合 GB 19489 的规定。

九、检测方法

检测方法见表 3。

表 3 东方田鼠微生物与寄生虫检测方法

微生物检测项目	检测方法
沙门菌	GB/T 14926.1
皮肤病原真菌	GB/T 14926.4
汉坦病毒	GB/T 14926.19
金黄色葡萄球菌	GB/T 14926.14
支气管鲍特杆菌	GB/T 14926.6
多杀性巴斯德杆菌	GB/T 14926.5
支原体	GB/T 14926.8
嗜肺巴斯德杆菌	GB/T 14926.12
肺炎克雷伯杆菌	GB/T 14926.13
绿脓杆菌	GB/T 14926.17
小鼠肺炎病毒	GB/T 14926.24
呼肠孤病毒Ⅲ型	GB/T 14926.25
鼠棒状杆菌	GB/T 14926.9
泰泽病原体	GB/T 14926.10
体外寄生虫	GB/T 18448.1
弓形虫	GB/T 18448.2
蠕虫	GB/T 18448.6
鞭毛虫	GB/T 18448.10

十、结果判定

1. 病毒经 ELISA 或 IFA 检测，血清抗体阴性判为合格。

2. 病原体检查：细菌、真菌经分离培养鉴定，未见病原体判为合格。

3. 弓形虫抗体检查：经 ELISA 检测，血清抗体阴性判为合格；IHA 试验，将出现血凝“++”（即红细胞部分呈膜状沉着，周围有凝集团点，中央沉点大）时的最高稀释度定为该血凝素的效价。

4. 体外、体内寄生虫检查：在检测的各等级动物中，经 ME 检查，未见虫体、虫卵，判为合格；凡见到虫体或虫卵，判为不合格。如有一只动物的一项指标不符合该等级标准要求，则判为动物不符合该等级标准。

十一、判定结论

按照申报的等级标准，所有项目的检测结果均达到要求，判为合格。如有一只动物的一项指标不符合该等级标准要求，则判为动物不符合该等级标准。

第六节 分 析 报 告

本标准作为东方田鼠的微生物和寄生虫质量控制的技术要求，可参考本技术要求对于检测方法进行验证并编制报告。

第七节 国内外同类标准分析

目前国内外尚无对东方田鼠微生物和寄生虫等级和检测方法提出具体的技术要求的标准，本标准为第一个东方田鼠微生物和寄生虫等级及监测要求的团体标准。

第八节 与法律法规标准的关系

本标准严格遵守了国家《实验动物管理条例》《实验动物质量管理办法》等法规，同时也参考了实验动物相关的国家标准、湖南省地方标准，标准文本符合现行国家实验动物管理法规和实验动物标准的基本精神，没有与国家其他法律法规相抵触的内容。本标准作为团体标准是对现有标准的有利补充。

第九节 重大分歧意见的处理和依据

无。

第十节 作为推荐性标准的建议

建议作为推荐性标准使用。

第十一节 标准实施要求和措施

本标准发布实施后，建议积极开展宣贯、培训活动，面向各实验动物生产和动物实验的单位和个人，宣传贯彻标准内容。

第十二节 本标准常见知识问答

无。

第十三节 其他说明事项

无。

参考文献

刘宗传，王志新. 2011. 东方田鼠微生物和寄生虫携带状况的检测及净化技术初探. 中国媒介生物学及控制杂志，22（5）：456-458.

俞远京，周智君，苏志杰. 2016. 野生东方田鼠的实验动物化及标准的建立. 实验动物科学，33（3）：32-36.

第五章　T/CALAS 71—2019《实验动物　无菌猪微生物学和寄生虫学等级及监测》实施指南

第一节　工 作 简 况

生命科学、医药行业和现代畜牧业领域的迅猛发展离不开无菌实验动物。随着菌群与宿主互作研究的深入，菌群与健康的关系越来越受到关注，客观上促进了科学研究对高等级实验动物的需求。其中，对高等级大型实验动物（无菌猪）的需求日益增多。无菌猪是一种特殊的实验大动物模型，它具有微生物背景清晰、体型大、无伦理限制等特点。通过无菌猪和有菌猪的比较，可以明确菌（群）的作用；此外，利用无菌猪构建目的菌群猪模型，可以揭示宿主动物与肠道菌群之间的关系，亦可进行新药、新营养品和疫苗的临床前安全性及有效性等评价研究。

2013 年起，重庆市畜牧科学院率先开展了无菌猪的培育相关研究工作，建立了猪用屏障设施。2016 年，重庆市畜牧科学院在重庆市科技计划项目《无菌动物应用示范平台》（项目编号：cstc2015pt-nsjg80003）资助下开展了无菌猪培育的标准化技术体系研究，自主研发了无菌猪培育用关键设备，建立了猪无菌剖腹产获取、无菌猪的传递和人工饲养，以及无菌猪微生物和寄生虫监测等技术体系。2018 年 7 月，经过全国实验动物标准化技术委员会审查通过，由中国实验动物学会下达《实验动物　无菌猪微生物和寄生虫学监测》团体标准编制任务。承担单位为重庆市畜牧科学院和重庆医科大学。

第二节　工 作 过 程

自 2018 年 7 月，接到中国实验动物学会下达的编制任务之后，启动编制工作，编写人员开始查阅文献资料，并将建立的无菌猪培育和微生物学监测经验进行总结，对收集的相关资料进行整理。工作组召开内部会议，讨论并确定了标准编制的原则和指导事项；制订了编制大纲和工作计划。2018 年 9 月，工作组形成初稿，并组织相关专家进行修改。经过多次修改后，本标准征求意见稿分别在 2018 年 10 月、2019 年 3 月和 5 月又经过标委会专家的审议和修改，最终在 2019 年 6 月形成报批稿。

第三节　编 写 背 景

猪与人类具有相似的生理特点和解剖结构，特别是猪的消化代谢特点和肠道结构与人高度相似，在前沿基础科学研究中具有重要地位。由于没有微生物背景干扰，无菌猪被认为是研究人类胃肠道、免疫及大脑发育等影响因素的首选非灵长类动物模型。无菌猪的应用，已从最早用于畜牧生产重大疫病净化，逐渐扩展为用于肠道微生物与生长发育、疾病发生关系研究，以及儿童疫苗、婴幼儿奶粉等质量评价研究。目前，无菌猪已用于肠出血性大肠杆菌感染、艰难梭菌感染等研究；与菌群移植技术结合，适用于肠道菌群与环境互作研究。此外，利用基因编辑技术和猪的无菌净化技术，未来有望将猪作为人类自体器官培养的工厂，有效解决器官移植供体不足和安全性问题。

然而，国内外至今尚没有无菌猪的获取、生产、饲养和微生物质量控制等相关规范或标准，行业迫切需要对无菌猪生产和质控技术等加以规范，标准的制定将极大促进我国无菌猪的标准化水平。

第四节 编制原则

本标准的编制遵循下列原则：

（1）保证标准修订过程的科学性；

（2）保证标准执行过程的可操作性；

（3）充分考虑我国国情，符合我国技术发展水平。

第五节 内容解读

本标准由范围、规范性引用文件、获取方法、检测标准和指标、检测程序、检测规则、结果判定、判定结论与报告、样本保存共 9 部分组成，现将主要技术内容说明如下。

一、范围

本部分规定了无菌（germ-free，GF）猪微生物学等级检测要求、检测程序、检测方法、检测规则、判定结论、样本保存等。

本部分适用于无菌（GF）猪微生物学等级监测。

二、规范性引用文件

下列文件对于本文件的应用是必不可少的。凡是注明日期的引用文件，仅所注日期的版本适用于本文件。凡是不注日期的引用文件，其最新版本（包括所有的修改单）适用于本文件。

GB 5749 《生活饮用水卫生标准》

GB 14922.1 《实验动物寄生虫学等级及监测》

GB 14922.2 《实验动物微生物学等级及监测》

GB 16551 《猪瘟检疫技术规范》

GB 17013—1997 《包虫病诊断标准及处理原则》

GB/T 18090—2008 《猪繁殖与呼吸综合征诊断方法》

GB/T 18448.1—2001	《实验动物体外寄生虫检测方法》
GB/T 18448.2—2001	《弓形虫检测方法》
GB/T 18448.6—2001	《实验动物蠕虫检测方法》
GB/T 18641	《伪狂犬病诊断技术》
GB/T 18647—2002	《动物球虫病诊断技术》
GB/T 18935—2003	《口蹄疫诊断技术》
GB/T 21674—2008	《猪圆环病毒聚合酶链反应试验方法》
GB/T 22914—2008	《SPF 猪病原的控制与监测》
GB/T 22915—2008	《口蹄疫病毒荧光 RT-PCR 检测方法》
NY/SY 152—2000	《猪细小病毒病诊断技术规程》
NY/T 541	《动物疫病实验室检验采样方法》
NY/T 544—2015	《猪流行性腹泻诊断技术》
NY/T 548—2015	《猪传染性胃肠炎诊断技术》
NY/T 678	《猪伪狂犬病免疫酶试验方法》
NY/T 679	《猪繁殖与呼吸综合征免疫酶试验方法》
NY/T 2840—2015	《猪细小病毒间接 ELISA 抗体检测方法》
SN/T 1379.1—2004	《猪瘟单克隆抗体酶联免疫吸附试验》
SN/T 1396—2015	《弓形虫病检疫技术规范》

三、获取方法

（一）临产母猪的筛选

怀孕母猪应来源于临床上无经胎盘垂直传播的疾病（即猪瘟、猪繁殖与呼吸综合征、猪伪狂犬病、猪细小病毒病）症状的猪场。选择二胎以上怀孕母猪，并现场采集样本，检测猪瘟、猪繁殖与呼吸综合征、猪伪狂犬病三种疾病：猪瘟为扁桃体活体采样，检测野毒感染情况；猪繁殖与呼吸综合征检查血清抗体；猪伪狂犬病检测感染抗体。

（二）隔离与再检

三种疾病均为阴性的猪运至隔离舍饲养。30 天后，再次检测上述三种疾病，仍均为阴性，实施剖腹产手术；否则，淘汰待产母猪，并彻底消毒整个可能的污染区。

（三）剖腹产手术

母猪单笼运至准备间，温水清洗全身、吹干后，推入净化区手术间；经诱导麻醉后，保定于手术台上，消毒体表后，采取吸入式麻醉；术部剃毛、消毒，将整个子宫结扎、剥离，经渡槽消毒并传入含空气高效过滤系统的无菌子宫剥离器内，获取无菌仔猪。

（四）仔猪的处理、转运与隔离饲养

无菌仔猪在子宫剥离器内复苏后，立即转入与子宫剥离器相连接的无菌猪运输隔离器内，后经脐带结扎等处理，再运入洁净饲养间；将无菌猪运输隔离器与无菌猪饲养隔离器相连，在无菌环境下将仔猪转入无菌猪饲养隔离器内，用灭菌的水、代乳料，人工饲养无菌仔猪。

四、检测标准和指标

（一）外观指标

实验动物应外观健康、无异常。

（二）检测标准

1. 采样

将无菌猪隔离器内饮水、饲料、动物肛门拭子、咽拭子或新鲜粪便等分别收集于无菌小试管中，按无菌猪饲养操作程序从无菌猪饲养隔离器中取出。

2. 细菌与真菌检测

利用不同的培养基、不同的培养温度和培养环境对污染无菌猪的微生物进行检测，应无任何可查到的细菌和真菌。

（1）拭子或（和）新鲜粪便样本

将动物拭子或新鲜粪便样本分别接种于大豆酪蛋白琼脂培养基，在（36±1）℃需氧和厌氧培养过夜，观察有无细菌生长。同时，将动物拭子或新鲜粪便样本均匀涂布于洁净载玻片上，经风干、热固定、常规革兰氏染色后，进行微生物镜检。必要时，将无菌猪肠道置于厌氧工作台（0%氧气），无菌条件下取出肠内容物，并接种于脱氧处理后的血琼脂平板上。（36±1）℃下厌氧培养过夜，观察有无细菌生长。

（2）饮水、饲料标本

按无菌操作程序在垂直流洁净工作台中进行标本接种前制备与接种。饲料标本加入少量无菌生理盐水（以没过标本为宜）于待检样品小试管中，用毛细吸管充分吹打。分别吸取 0.5mL～1mL 样品溶液（饮水标本为原液）于硫乙醇酸钠肉汤（已预先排出溶解氧，溶液呈无色为准）、脑心浸液肉汤和大豆酪蛋白琼脂培养基，分别置于需氧环境和厌氧环境（36±1）℃培养 7 天，并在第 7 天涂片、革兰氏染色镜检，同时接种大豆酪蛋白琼脂培养基，（36±1）℃培养过夜，观察有无细菌生长；另外，样品溶液接种于大豆酪蛋白琼脂培养基，置于 25℃～28℃需氧环境下培养 7 天，观察有无真菌生长。

3. 病毒检测

病毒指标见表 1。

表 1　无菌猪病毒检测项目

病毒	必须检测项目	必要时检测项目	检测方法
伪狂犬病病毒 pseudorables virus	√		GB/T 18641 或 NY/T 678
狂犬病病毒 rabies virus		√	GB/T 14926.56
猪瘟病毒 classical swine fever virus	√		GB/T 16551；SN/T 1379.1
猪传染性胃肠炎病毒 transmissible gastroenteritis		√	NY/T 548—2015
猪细小病毒 porcine parvovirus	√		NY/T 2840—2015
猪繁殖与呼吸综合征病毒 porcine reproductive and respiratory syndrome	√		GB/T 18090—2008
猪圆环病毒 2 型 porcine circovirus type 2	√		GB/T 21674
口蹄疫病毒 foot and mouth disease virus		√	GB/T 18935；GB/T 22915
猪流行性腹泻病毒 porcine epidemic diarrhea		√	NY/T 544—2015

4. 寄生虫检测

寄生虫指标见表 2。

表 2 无菌猪寄生虫检测项目

寄生虫	必须检测项目	必要时检测项目	检测方法
体外寄生虫 Ectozoa	√		GB/T 18448.1—2001；GB/T 22914—2008
猪蛔虫 *Ascarissuum*		√	GB/T 18448.6—2001
棘手绦虫 *Echinococcus* sp.		√	GB/T 17013—1997
弓形虫 *Toxoplasma gondii*		√	GB/T 18448.2—2001；SN/T 1396

五、检测程序

1. 检测的动物应于送检当日按细菌、真菌、病毒、寄生虫要求联合取样检查。
2. 总检测程序见图 1。

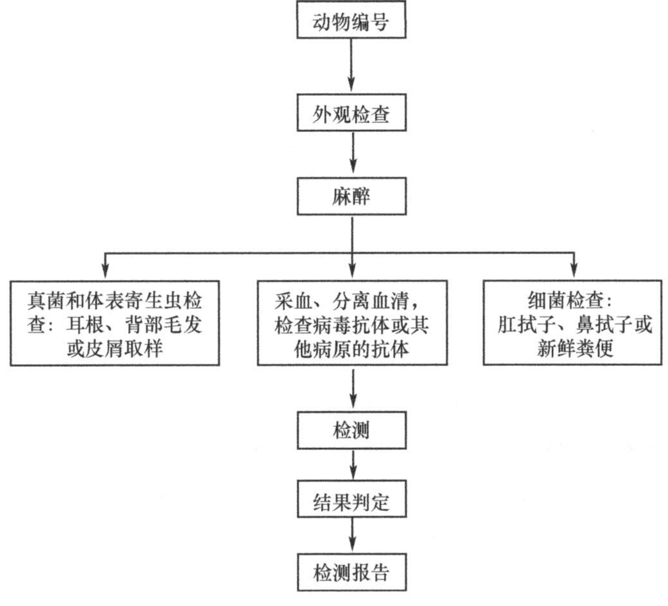

图 1 总检测程序

3. 细菌、真菌检测流程见图 2。

六、检测规则

（一）检测频率

每半年检测动物一次。每 2 周 ~ 4 周检查一次动物的生活环境标本和粪便标本。

（二）取样要求

（1）选择 1 月龄及以上的无菌猪用于检测，随机抽样。

（2）取样数量：根据无菌猪群体大小，抽样数量见表 3。

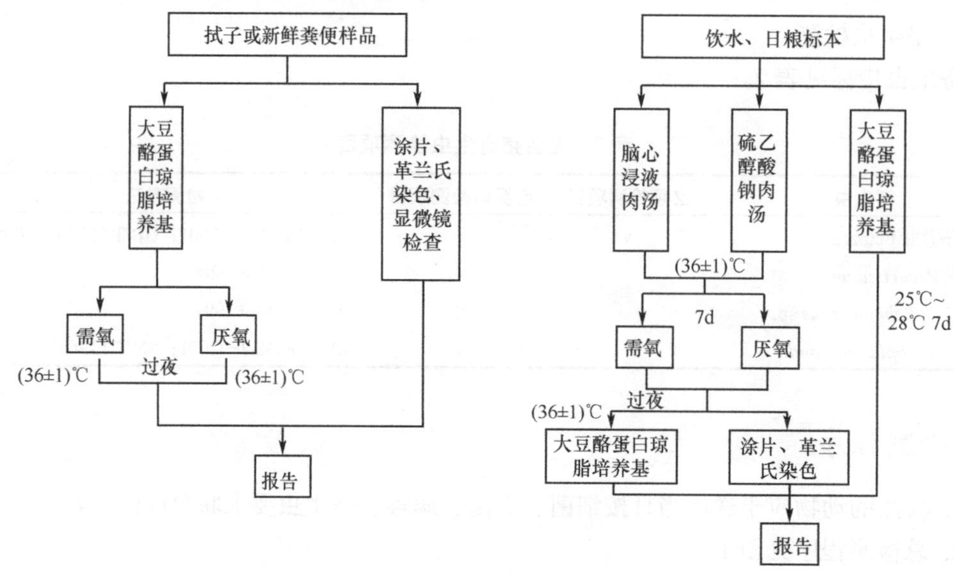

图 2 细菌、真菌检测流程

表 3 抽样数量

群体大小/头	抽样数量/%
<50	5
50～100	3
100～500	2
>500	1

（三）取样、送检

（1）按细菌、真菌、病毒、寄生虫检测要求联合取样。

（2）取样方法按照 NY/T 541 及医学采样程序进行。

（3）无特殊要求时，无菌猪的活体取样可在生产繁殖单元进行。

（4）取样要求编号和标记，包装好，安全送达实验室，并附送检单，写明动物品种品系、数量、取样类型和检测项目。

（四）检测项目的分类

细菌与真菌检测项目是无菌猪质量评价时必须检测的项目。

（1）必须检测项目：指在无菌猪质量评价时必须检测的病毒和（或）寄生虫项目。

（2）必要时检测项目：指在申请无菌猪动物生产许可证和实验动物质量合格证时必须检测的项目。

七、结果判定

（一）合格判定

凡镜检未观察到细菌、大豆酪蛋白琼脂培养基上无细菌和真菌生长者，宜报告无菌检查合格，其中一项检出细菌或真菌者为不合格。按各个病毒检测项目结果判定方法判定检测结果：抗体检测项目，血清抗体阴性为合格；抗原和核酸检测项目，未见阳性为合格。各寄生虫检测项目无检出，为合格。

八、判定结论与报告

所有项目的检测结果均合格，判为符合 GF 等级标准；否则，判为不符合 GF 等级标准。根据检测结果，出具报告。

九、样本保存

（1）样本资料、样本来源、动物编号、样本种类及编号，按医学病理资料档案管理规范保存。保存时间为 1 年。

（2）检测样本应一式两份，其中一份应保存于液氮罐或–80℃冰箱中，保存器具应标志清晰，符合病理标本保存规范。

第六节 分 析 报 告

本标准作为无菌猪专用的微生物和寄生虫学监测标准，有关无菌猪生活环境、粪便，以及血样中细菌、真菌、病毒和寄生虫的技术要求及检测指标可参考本标准进行。

第七节 国内外同类标准分析

目前国内外尚无对无菌猪的微生物和寄生虫监测提出具体的技术要求标准，本标准为第一个针对无菌猪微生物质量控制要求的团体标准。

第八节 与法律法规、标准的关系

本标准按 GB/T 1.1—2009 规则和实验动物标准的基本结构撰写，与实验动物标准体系协调统一，与《实验动物管理条例》《实验动物质量管理办法》《实验动物许可证管理办法》《实验动物种子中心管理办法》等国家相关法规和实验动物强制性标准的规定及要求协调一致，是我国实验动物标准体系的重要补充。

第九节 重大分歧意见的处理和依据

无。

第十节 作为推荐性标准的建议

建议作为推荐性标准使用。

第十一节 标准实施要求和措施

本标准发布实施后，建议积极开展宣贯、培训活动，面向各实验动物生产和动物实验的单位和个人，宣传贯彻标准内容。

第十二节 本标准常见知识问答

无。

第十三节 其他说明事项

无。

参考文献

杜蕾，孙静，葛良鹏，等. 2016. 无菌猪的研究进展. 中国实验动物学报，24（5）：546-550.
杜蕾，孙静，葛良鹏，等. 2017. 肠道菌群对动物免疫系统早期发育的影响. 中国畜牧杂志，53（6）：10-14.
孙静，杜蕾，丁玉春，等. 2017. 无菌猪的制备与微生物质量控制. 中国实验动物学报，25（6）：699-702.
Brady M J，Radhakrishnan P，Liu H，et al. 2011. Enhanced actin pedestal formation by enterohemorrhagic *Escherichia coli* O157：H7 adapted to the mammalian host. Frontiers in Microbiology，2：226.
Guilloteau P，Zabielski R，Hammon H M，et al. 2010. Nutritional programming of gastrointestinal tract development. Is the pig a good model for man? Nutrition Research Reviews，23（1）：4-22.
Meurens F，Summerfield A，Nauwynck H，et al. 2012. The pig：a model for human infectious diseases. Trends in Microbiology，20（1）：50-57.
Odle J，Lin X，Jacobi S K，et al. 2014. The suckling piglet as an agrimedical model for the study of pediatric nutrition and metabolism. Annual Review of Animal Biosciences，2：419-444.
Steele J，Feng H，Parry N，et al. 2010. Piglet models of acute or chronic clostridium difficile illness. The Journal of Infectious Diseases，201（3）：428-434.
Wang M，Donovan S M. 2015. Human microbiota-associated swine：current progress and future opportunities. ILAR Journal，56（1）：63-73.
Wu J，Platero-Luengo A，Sakurai M，et al. 2017. Interspecies chimerism with mammalian pluripotent stem cells. Cell，168（3）：473-486 e15.

第三篇

实验动物检测方法系列标准

第六章　T/CALAS 66—2019《实验动物　猫细小病毒检测方法》实施指南

第一节　工 作 简 况

本项标准由中国实验动物学会立项资助，起草单位为中国农业科学院哈尔滨兽医研究所。

第二节　工 作 过 程

本标准最初提交的征求意见稿中，题目为《实验动物　猫细小病毒病诊断技术规范》，标准涉及的检测方法较多，涵盖了临床诊断、病原学、血清学诊断，相关的检测方法在东北农业大学、黑龙江省八一农垦大学、黑龙江省实验动物监督检验站等单位进行了技术复核，并出具了标准技术方法验证复核表等材料。在标准讨论稿报审后，经过专家审定，现在题目改为《实验动物　猫细小病毒检测方法》，根据专家的建议，对原有标准进行了删减，标准规定了猫细小病毒的检测方法包括病原分离鉴定方法和PCR方法，PCR方法为必需检测方法，病原分离鉴定方法为必要时使用方法，用于猫细小病毒的初步判定，以及病毒的放大培养。目前检测方法更具有针对性和实用性。

标准起草单位承担国家重点研发计划“畜禽重大疫病防控与高效安全养殖综合技术研发——宠物疾病诊疗与防控新技术研究”子课题“猫瘟热胶体金诊断技术研究”（2016—2020），开展了《同时检测猫细小病毒、杯状病毒、疱疹病毒Ⅰ型多重PCR方法的建立》的研究工作，获得国家发明专利ZL201310159199.8“用于同时检测猫泛白细胞减少症病毒、猫杯状病毒和猫疱疹病毒Ⅰ型的多重PCR引物组”。保存有猫泛白细胞减小症病毒10余株。综上，标准起草单位具有坚实的研究基础，具备制定本技术标准的能力。

起草单位查阅了相关文献，调研了宠物医院和实验动物使用部门现有检测试剂与方法，进行了可行性验证。

第三节　编 写 背 景

《OIE陆生动物诊断和疫苗手册》及发达国家和地区，尚未公布猫细小病毒检测方法。对于该病报道多以临床报告、诊断方法的建立及疫苗的免疫评估作为研究结果。国内已经公布了犬细小病毒的诊断技术（GB/T 27553，2011），涵盖了临床检查、病原分离鉴定、血凝和血凝抑制及PCR诊断方法；对猪细小病毒病的诊断，公布的行业标准中涉及ELISA、PCR及血凝抑制等方法。

猫细小病毒是猫泛白细胞减少症的病原体，已经制定的标准有中国兽医协会团体标准T/CVMA4—2018《猫泛白细胞减少症诊断技术规范》和国家质量监督检验检疫总局行业标准SN/T 5041—2018《猫泛白细胞减少症检疫技术规范》，目前，相关标准均是以猫泛白细胞减少症疫病诊断发布的标准，而实验动物微生物质量控制，猫是可以免疫的，抗体检测仅作为免疫效果评价指标，猫感染猫细小病毒应以检测病原为重点，以解决实验猫的细小病毒质量控制问题。

制定本标准，参考公开报道学术文献和专利资料，结合已公布的细小病毒检测技术，从方法的客观性和标准推广便利程度为出发点，拟规定病原分离鉴定、PCR检测方法。

第四节 编制原则

准确、易得、操作简便。

第五节 内容解读

1. 病毒的分离鉴定：病原学的分离培养，规定了相应的试剂和方法，作为病毒学检测的基本方法，在本标准中作为检测手段之一。其优势在于可以对病原进行增殖，放大培养，使病毒含量提高，进一步提高后续检测的检出率。病原分离鉴定方法为必要时使用方法，用于猫细小病毒的初步判定。

2. PCR方法：PCR方法为必须检测方法，结合已有报道，规定了相应的试剂和方法，并通过实验室临床应用进行验证，切实可行。

第六节 分析报告

规范实验动物设施的运行维护，保证实验动物质量与动物实验的可靠性，具有一定的经济与社会效益。

第七节 国内外同类标准分析

国内目前没有专门的实验动物设施运行维护规范，国际上相关指南中有类似说明。

第八节 与法律法规、标准的关系

已经制定的标准有中国兽医协会团体标准 T/CVMA4—2018《猫泛白细胞减少症诊断技术规范》和国家质量监督检验检疫总局行业标准 SN/T 5041—2018《猫泛白细胞减少症检疫技术规范》，但是该病尚没有制定相应的国家标准。

本标准只是针对病原学进行检测，不涉及临床诊断和抗体检测。

第九节 重大分歧的处理和依据

无。

第十节 作为推荐性标准的建议

推荐性标准

第十一节 标准实施要求和措施

无。

第十二节 本标准常见知识问答

无。

第十三节 其他说明事项

无。

第七章　T/CALAS 67—2019《实验动物　犬瘟热病毒检测方法》实施指南

第一节　工作简况

本标准由中国实验动物学会提出，中国实验动物学会实验动物标准化技术委员会技术归口，根据中国实验动物学会实验动物标准化专业委员会（以下简称专委会）有关文件及GB/T 16733《国家标准制定程序的阶段划分及代码》和《采用快速程序制定国家标准的管理规定》的要求，结合实验动物专业具体情况，特制定本工作程序。由中国农业科学院特产研究所和中国农业科学院哈尔滨兽医研究所负责起草，主要起草人史宁、胡博、王洋、闫喜军、韩凌霞、陈洪岩。

第二节　工作过程

2018年9月，召开了本课题启动会和第一次研讨会。由课题负责人明确了各子课题的分工，就课题目标、研究内容、课题管理、经费使用、知识产权等几个方面提出了工作设想，并对各子课题的研究进度做出了安排。

2018年10月，完成了对收集到的国内外相关标准及相关资料数据的整理、分析，为整理实验犬微生物学监测提供基础参数。

2019年3月，通过E-mail方式和当面请教的方式向实验动物研究相关领域的专家征求对研究稿及其编写说明的修改意见。

2019年4月，根据专家返回的修改意见和建议，对本研究稿进行逐条修改，并完成专家意见的汇总处理，拟提交给课题主持单位。

2019年5月，由全国实验动物标准化技术委员会审查通过。

2019年6月形成报批稿，2019年7月由中国实验动物学会发布。

第三节　编写背景

比格犬（Beagle犬）是国际医学、生物学界公认的标准实验用犬，具有性情温顺、体型均一、遗传性状稳定、适应力强、实验结果重复性好等优点，已广泛应用于犬及重要人畜共患病研究、相关疫苗研发及评价，同时在基础医学、药物安全评价等方面的应用也十分广泛。由犬瘟热病毒（CDV）引起的犬瘟热（canine distemper，CD）为一种多种动物共患的急性、高度接触性传染病，可感染犬科、鼬科等十几个科属 70 多种动物，动物感染死亡率可达 30%～80%，该病对实验动物事业造成较大威胁。实时荧光定量 PCR 特异性强、重复性好，其灵敏度可以达到常规 RT-PCR 技术的 10 000 倍。本标准的制定为实验用犬的健康提供基础，为试验结果及其产品质量和稳定性提供保障，进而满足生命科学研究的需要，为医疗、医药行业服务。

本项目由中国农业科学院特产研究所主持承担并完成。

第四节 编写原则

本部分以国家标准《犬瘟热诊断技术》和农业标准《犬瘟热诊断技术》为依据，收集、整理国内外相关组织、地方和行业有关实验动物病源检测方法，以及在迄今为止国内外研究机构发表的以实验用犬作为实验材料开展的病源检测研究基础上制定的。

第五节 内容解读

本标准中规定的检测 CDV 的方法包括 3 部分：间接免疫荧光检测、PCR 检测和实时荧光定量 PCR 检测。具体内容如下。

一、间接免疫荧光检测

（一）样品处理

血液涂片：无菌采取适量经 PCR 检测 CDV 阳性的犬静脉末端血，直接涂片，室温条件下自然干燥。

（二）操作方法

将血液涂片用–20℃预冷的丙酮固定 10min，然后用 PBS 浸泡 5min，置于 37℃、40min，干燥。滴加稀释成适当工作浓度的 CDV 单克隆抗体，置于 37℃、30min。PBS 漂洗 3 次，每次 5min；再用蒸馏水浸泡 1min，自然干燥或风干。滴加稀释成适当工作浓度的免疫荧光抗体，37℃平放湿盒中 30min，取出。PBS 漂洗 3 次，每次 5min；再用蒸馏水浸泡 1min，脱盐。吹干后，用盖玻片及碳酸缓冲甘油封好载玻片。立即用荧光显微镜观察。测定待检样品时，每次试验同时设病毒对照和阴性对照。

（三）结果判定

病毒对照的单个或成团细胞的细胞质内出现弥漫或颗粒型的特异性苹果绿色荧光信号；阴性对照无特异性苹果绿色荧光信号，则试验成立，可进行结果判定。

疑似样品载玻片，单个或成团细胞的细胞质内出现弥漫或颗粒型的特异性苹果绿色荧光信号，细胞核染成暗黑色，判为阳性。

疑似样品载玻片，单个或成团细胞的细胞质染成橘红色或无特异性暗黄色，无特异性苹果绿色荧光信号，细胞核呈暗黑色，判为阴性。

二、PCR 检测

（一）核酸提取

按照 RNA 提取试剂盒说明书，提取样品和对照的 RNA。提取的 RNA 应立即进行检测，否则应于超低温保存。

（二）扩增体系的配制

按表 1 所示配制每个样本的测试反应体系，配制完毕的反应液应尽量避免产生气泡，盖紧盖，瞬时离心，放入 PCR 检测仪内。引物工作浓度均为 10pmol/μL。

表 1 样品反应体系配制表

体系组分	用量
2×PCR buffer	10.0μL
PCR-F、PCR-R	各 1μL
RNA	2.0μL
SuperscriptIII反转录酶	0.5μL
Taq DNA 聚合酶	0.5μL
水	5μL
总量	20μL

（三）PCR 扩增

离心后的 PCR 管放入 PCR 检测仪内，记录样品摆放顺序。设定反应条件：①反转录：50℃、20min；②预变性：95℃、5min；③PCR 扩增：95℃、30s，52℃、30s，72℃、45s，35 个循环；④延伸：72℃、10min。

（四）结果判定

在符合质控标准的前提下，待检测样品扩增出大小为 712bp 的核酸片段，则初步判定犬瘟热病毒核酸阳性；若待检样品无大小为 712bp 的特异性扩增条带，则判定犬瘟热病毒核酸阴性。

三、实时荧光定量 PCR 检测

（一）引物和探针

F：5′-TGGGAATATTTGGGGCAACA-3′

R：5′-ATGAACCCACGGTGATTTGTTAT-3′

TaqMan 探针 P：5′-HEX-CAAGTTGAAGAGGTGATAC-MGB-3′

按表 2 所示配制每个样本的测试反应体系，配制完毕的反应液应尽量避免产生气泡，盖紧盖，瞬时离心，放入荧光 PCR 检测仪内。引物工作浓度均为 10pmol/μL。

（二）实时荧光定量 PCR 扩增

将离心后的 PCR 管放入荧光 PCR 检测仪内，记录样品摆放顺序。设定反应条件：①反转录：50℃、20min；②预变性：95℃、30s；③PCR 扩增：95℃、5s，55℃、15s，72℃、10s，40 个循环。

表 2 样品反应体系配制表

体系组分	用量
2×PCR buffer	10.0μL
上、下游引物	各 0.4μL
RNA	2.0μL
探针 P	0.4μL
SuperscriptⅢ反转录酶	0.4μL
HS *Taq* DNA 聚合酶	0.5μL
水	5.9μL
总量	20μL

（三）结果判定

无 Ct 值并且无典型的扩增曲线，表示样品中无 CDV 核酸。Ct 值≤34.0，且出现典型的扩增曲线，表示样品中存在 CDV 核酸；Ct 值>34.0，且出现典型扩增曲线的样本，建议重复试验，重复试验结果出现 Ct 值≤34.0 和典型扩增曲线者为阳性，否则为阴性。

当在临床上怀疑有 CDV 感染时，可根据实际情况在上述方法中选一种或者两种方法进行确诊。对于未接种过 CDV 疫苗的犬，采用任何一种方法检测呈现阳性结果时，都可最终判定为 CDV 阳性。对于接种过 CDV 疫苗的犬，当间接免疫荧光检测为阳性结果时，可最终判定为 CDV 感染犬。

第六节 分 析 报 告

本标准的第 3 部分 RT-PCR 方法是根据 NCBI 中公布的犬瘟热病毒的保守基因序列设计引物并合成，建立 RT-PCR 检测方法，摸索引物浓度、退火温度等反应条件，确定该方法的特异性好、敏感性高。应用该方法检测临床样本，与病毒分离的结果一致。具体技术内容确定说明如下。

一、扩增曲线

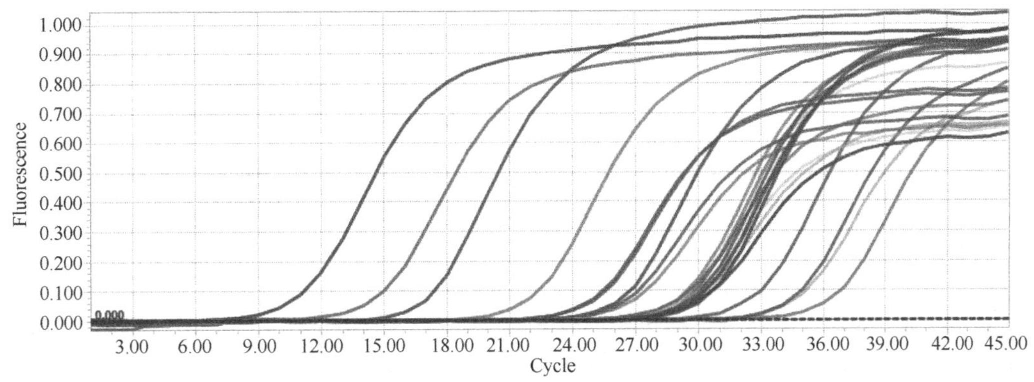

二、标准曲线

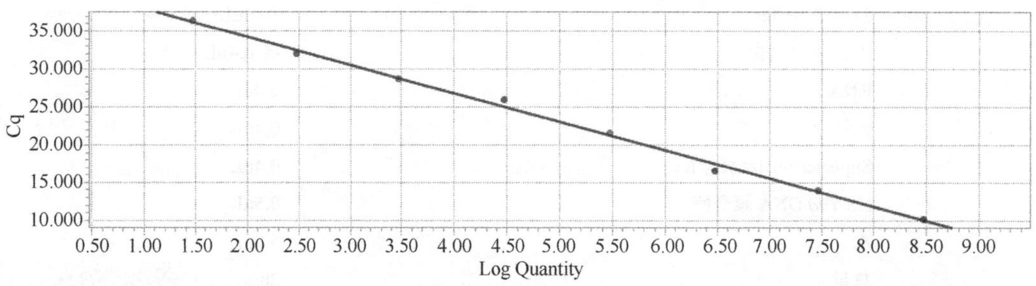

三、扩增结果

荧光基团	靶标	内容	样品编号	Cq 平均值	SQ 平均值
HEX		未知	1	24.60	$3.78E\times10^4$
HEX		未知	2	24.45	$4.15E\times10^4$
HEX		未知	3	28.56	$3.32E\times10^3$
HEX		未知	4	28.92	$2.66E\times10^3$
HEX		未知	5	26.45	$1.21E\times10^4$
HEX		未知	6	26.15	$1.46E\times10^4$
HEX		未知	7	29.38	$2.01E\times10^3$
HEX		未知	8	29.59	$1.76E\times10^3$
HEX		未知	9	29.82	$1.50E\times10^3$
HEX		未知	10	29.24	$2.20E\times10^3$
HEX		未知	11	29.48	$1.85E\times10^3$
HEX		未知	12	29.40	$1.96E\times10^3$
HEX		未知	13	28.75	$2.96E\times10^3$
HEX		未知	14	28.60	$3.17E\times10^3$
HEX		未知	15	33.93	$1.22E\times10^2$
HEX		未知	16	—	—
HEX		标准	10^{-1}	10.06	$3.00E\times10^8$
HEX		标准	10^{-2}	13.88	$3.00E\times10^7$
HEX		标准	10^{-3}	16.50	$3.00E\times10^6$
HEX		标准	10^{-4}	21.44	$3.00E\times10^5$
HEX		标准	10^{-5}	25.13	$3.00E\times10^4$
HEX		标准	10^{-6}	28.56	$3.00E\times10^3$
HEX		标准	10^{-7}	32.00	$3.00E\times10^2$
HEX		标准	10^{-8}	36.45	$3.00E\times10^1$
HEX		阴性对照		—	—

四、结果判定

样品 Cq≤34.0 并出现特定的扩增曲线判定为阳性。待检的 16 份样品中，有 15 份样品 Cq≤34.0 判定为阳性；其余 1 份无 Ct 值并且无典型的扩增曲线，判定样品中无 CDV 核酸。

五、验证结论

送检的犬科粪便样品的检测值满足本标准范围。

第七节　国内外同类标准分析

我国现行国家标准中的检测方法只有病原分离、免疫酶法、间接免疫荧光（IFA）、普通的 RT-PCR 法等，暂时没有查到实时荧光定量 PCR 法。

第八节　与法律法规、标准关系

本部分参考国家标准《犬瘟热诊断技术》和农业标准《犬瘟热诊断技术》。

第九节　重大分歧的处理和依据

从标准结构框架和制定原则的确定、标准的引用、有关技术指标和参数的试验验证、主要条款的确定，直到标准草稿征求专家意见（通过函寄和会议形式多次咨询及研讨），均未出现重大意见分歧的情况。

第十节　作为推荐性标准的建议

病原分离的方法需要的时间比较长；免疫酶法和间接免疫荧光法需要较昂贵的显微镜和有经验的实验人员，且该方法经验性较强，耗时长，难度相对较大，不易操作；普通的 RT-PCR 方法相比于另两种方法虽然具有操作简便、速度快、特异性强等优点，但是当病毒含量比较低时，会出现假阴性的结果，灵敏度比较低。而实时荧光定量 PCR 特异性强，重复性好，灵敏度高，其灵敏度可以达到常规 RT-PCR 技术的 10 000 倍。故建议定为推荐性条款。

第十一节　标准实施要求和措施

建议由中国实验动物学会实验动物标准化专业委员会组织本标准的宣传、推广和实施监督。

第十二节　本标准常见知识问答

无。

第十三节　其他说明事项

无。

第八章　T/CALAS 68—2019《实验动物　犬腺病毒检测方法》实施指南

第一节　工 作 简 况

本项标准由中国实验动物学会立项资助，起草单位为中国农业科学院哈尔滨兽医研究所。

第二节　工 作 过 程

技术标准是现代经济社会活动的依据。实验动物标准化建设一直是实验动物学科发展的重点。为进一步完善实验动物标准体系建设，2018 年 1 月 8 日，全国实验动物标准化技术委员会秘书处面向各有关专家或单位征集实验动物立项建议。

我们在执行国家重点研发计划项目子课题项目“SPF 犬传染性肝炎等发病模型的建立及评价/2017YFD050160501”过程中，建立了犬传染性肝炎病原犬腺病毒 1 型的病原学检测方法。据此，我们积极响应，根据实际研究情况，筹建了标准起草组，成员由中国农业科学院哈尔滨兽医研究所韩凌霞和陈洪岩、中国农业科学院吉林特产研究所胡博，以及公安部警犬基地的刘占斌组成，于 2018 年 2 月 28 日向秘书处提交了 2 份实验动物标准提案表，分别是《实验动物犬瘟热病毒实时荧光定量 PCR 检验方法》和《实验动物 SPF 犬腺病毒 I 型检测技术》。本标准适用于实验犬犬腺病毒 I 型的检测，主要技术内容为建立犬传染性肝炎的实时荧光定量 PCR 检测方法，包括病毒基因组的提取、引物和探针的设计、PCR 反应体系、反应程序和结果判定。

2018 年 4 月 4 日，收到秘书处对标准立项提案的立项通知，并认为：①鉴于现行关于实验犬的国家标准未规定 SPF 级，同时为日后将团体标准整合为国家标准，应保证与国家标准的一致性，建议将《实验动物 SPF 犬腺病毒 I 型检测技术》题目更改为《实验动物　犬腺病毒 I 型检测技术》；②应标明提交的标准是否引用国际标准或国外标准，是否涉及专利问题；③若仅为荧光定量检测方法，建议将《实验动物　SPF 犬腺病毒 I 型检测技术》题目改为《实验动物　犬腺病毒 I 型荧光定量 PCR 检测技术》。起草组根据团体标准编写要求，编制了标准初稿，增加了常规 PCR 检测技术，将标准名称改为《实验动物　犬腺病毒 PCR 检测方法》，于 5 月 4 日将有关材料回复给秘书处。

2018 年 6 月，通过咨询专家对犬腺病毒 PCR 检测方法标准框架及指标内容的建议和意见，并且结合我们查阅的资料和研究结果，确定了标准框架及指标内容。

2018 年 7 月，根据专家返回的修改意见和建议，对本研究稿进行逐条修改，并完成专家意见的汇总处理。

2018 年 7 月 26 日，获得秘书处邮件通知，提案《实验动物 SPF 犬腺病毒 I 型检测技术》已成功在中国实验动物学会实验动物标准化专业技术委员会立项，正式进入标准起草阶段，组建标准起草工作组，起草标准征求意见稿，于 2018 年 8 月 6 日前将标准征求意见稿及其《编制说明》提交到秘书处。

2018 年 8 ~ 10 月，对标准技术开展了验证工作，分别将标准方法发给相关单位。有 3 个单位同意进行技术验证，并提供了验证报告，分别是中国农业科学院吉林特产研究所经济动物疫病研究室、吉林大学和哈尔滨国生生物科技股份有限公司。根据标准提出的方法，均能获得一致的结果。2018 年 10 月 26 日，向秘书处提交了 3 份验证报告。

2019 年 2 月 26 日，黑龙江省实验动物专业标准化技术委员会组织专家在哈尔滨市召开了公开意见征求会议，与会专家听取了标准起草人的汇报，并进行了质疑，经认真讨论，提出意见如下。

（1）本标准定的实验动物犬腺病毒（CAV）检测方法技术标准，符合我国实验动物学科发展和行业需求，为加强实验动物犬的疫病检测提供了技术保障，具有重要的现实意义。

（2）建议在标准的“适用”部分增加 PCR 检测方法对“CAV2 的鉴别”检测，以及“利用特异性阳性抗体针对病料感染细胞的间接免疫荧光检测”。

（3）删除抗凝血中具体的抗凝剂描述。

（4）“IFA 检测样品的制备”中将“适量疑似 CAV-1 感染的病死犬的腹腔淋巴结”改为将“适量经 PCR 检测 CAV-1 核酸阳性的病死犬的腹腔淋巴结”。

（5）规范“间接免疫荧光检测”的字体格式。

2019 年 5 月 29 日，秘书处返回对报审稿的审查意见，认为：①该标准涉及三种检测方法的结果判断，与名称有冲突；②作为实验动物，只要有腺病毒就不合格，因此如果免疫荧光和普通 PCR 检测到已有腺病毒，没必要开展 RT-PCR；③需规范离心速度、温度等的表达；④可考虑对扩增序列进行测序，验证被检样品是否含有 CAV-1 或 CAV-2，至少是对代表性扩增样品进行测序验证。起草组经过研究，接受了秘书处的建议，进行了修改，形成报批稿，于 6 月 23 日提交《实验动物 犬腺病毒检测方法》报批稿。

最终经过多次修改，形成《实验动物 犬腺病毒检测方法》报批稿、编制说明和征求意见表。

第三节 编 写 背 景

实验动物犬广泛应用于犬及重要人畜共患病研究、相关疫苗研发及评价，在基础医学、药物安全评价等方面的应用也十分广泛。

犬腺病毒属于腺病毒科哺乳动物腺病毒属，呈二十面体立体对称，直径 70 ~ 90nm，为无囊膜双股 DNA 病毒。犬腺病毒分为 I 型（CAV-1）和 II 型（CAV-2）：CAV-1 主要引起犬和其他犬科动物的犬传染性肝炎（infectious canine hepatitis，ICH）；CAV-2 主要引起幼犬呼吸道疾病和肠炎，致病性较弱。ICH 是一种急性、败血性传染病，临床上以黄疸、贫血、角膜混浊、体温升高为主要特征，主要发生于犬，也可发生于其他犬科动物。国家标准 GB 14922.2—2011“实验动物 微生物学等级及监测”将 ICH 列为普通级实验犬的必须检测项目，但要求免疫。

CAV-1 和 CAV-2 具有相同的补体结合抗原，但其生化特性和核酸同源性不同，通过血凝抑制与中和实验可以区别。实践中多采用 CAV-2 作为疫苗免疫保护 CAV-1 感染。实验动物犬的生产单位通常都会免疫 CAV-2 疫苗。CAV-1 可凝集豚鼠、鸡和人 O 型血红细胞。

国家标准 GB 14926.58—2008“犬传染性肝炎检测方法”规定了 CAV-1 的检测方法和试剂，适用于 CAV-1 的检测。该标准根据免疫学原理，采样 CAV-1 抗原检测犬血清中的 ICH 抗体，或根据在一定的条件下，CAV-1 能凝集人 O 型红细胞的能力可被特异性抗体所抑制的原理，来检测被检犬血清中的特异性抗体。推荐使用酶联免疫吸附试验和血凝抑制试验，用于检测普通级犬是否群体免疫合格，或者 SPF 级犬是否被野毒感染。该方法只能用于判定犬感染史，两种方法均不适合用来区分阳性抗体是来自 CAV-2 免疫还是 CAV-1 野毒感染，亦不适合对实验动物犬的病原学质量控制。

本标准建立的犬腺病毒检测技术，包括对粪便、肛拭子和咽拭子进行鉴别 PCR 检测，在此基础上，再将 PCR 含量高的组织制备成悬液，接种传代细胞系犬肾上皮细胞 MDCK，利用病毒阳性血清进行间接免疫荧光（IFA）验证。

本标准是对现行犬传染性肝炎病毒抗体检测标准的补充。

第四节 编制原则

（1）目的性：本标准适用于实验动物犬腺病毒的检测，包括常规PCR和IFA检测。

（2）可证实性：本标准的主要技术指标来自标准起草人正式发表的科技论文，以及对登录的所有CAV序列的比对，经过了对病毒感染细胞培养物、病毒人工感染犬和现地病料的检测，能够获得正确的结果。

（3）最大自由度原则：本标准只是规定了实验动物犬腺病毒的PCR检测所需的引物和关键程序，对基因组提取、电泳条件等不直接影响结果的内容，未做过细要求。

（4）对实验动物进行微生物学质量监测时，选用的方法优先考虑特异性，特异性比敏感性更重要。

第五节 内容解读

一、范围

本标准规定了实验动物犬腺病毒的检测方法。

本标准适用于犬腺病毒I型和 II 型的 PCR 鉴别检测，以及利用标准腺病毒 I 型接种犬肾细胞（MDCK）检测被检犬血清中犬腺病毒特异性抗体的间接免疫荧光检测。

二、规范性引用文件

下列文件对于本文件的应用是必不可少的。凡是注明日期的引用文件，仅所注日期的版本适用于本文件。凡是不注日期的引用文件，其最新版本（包括所有的修改单）适用于本文件。

GB/T 14926.58 《实验动物传染性犬肝炎病毒检测方法》

GB 19489 《实验室生物安全通用要求》

NY/T 541 《兽医诊断样品采集、保存与运输技术规范》

NY/T 683 《犬传染性肝炎诊断技术》

SN/T 4749 《犬传染性肝炎检疫技术规范》

三、样品处理

（一）采样前准备

有关动物采集的实验室风险按照 GB 19489 执行。

采样工具和器械的准备参照 NY/T 541 5.2 “采样工具和器械”，取样工具应洁净、干燥，经过灭菌处理，或采用一次性注射器。收集样品的试管或离心管也应是无菌。样品的保存方式依类型而定，无论是磷酸盐缓冲液（PBS）还是生理盐水，均应经过高压灭菌或 0.22 μm 滤器过滤。

（二）拭子的采集

犬的咽拭子和鼻拭子按照 NY/T 541 “6.4 猪鼻腔拭子和家禽咽喉拭子样品” 的规定采集。具体操作如下：取无菌棉签，插入犬鼻腔 2cm ~ 3cm，轻轻擦拭并缓慢旋转 2 圈 ~ 3 圈，确定蘸取了鼻腔分泌物后，立即将拭子浸入 PBS 中，密封低温保存。

肛拭子按照 NY/T 541 6.8.2 “肛拭子样品” 的规定采集。具体操作如下：将无菌棉拭子插入犬的肛门中，旋转 2 周 ~ 3 周，刮取直肠黏液或粪便，放入 PBS 中，4℃下保存运输。

（三）血清的采集

采血部位参照 NY/T 541 6.1.1.2 的规定，在犬的前肢隐静脉或颈静脉采血。采血方法按照 NY/T 541 6.1.2.7 的规定，压迫犬肘部，使前臂头静脉怒张，绷紧头静脉两侧皮肤，采样针头斜面朝上，呈 15°角由远心端向近心端刺入静脉血管，有血液回流后，缓慢抽取血液接入抗凝剂管。按照 NY/T 541 6.1.3.3 “血清样品” 的规定，制备并储存血清。

（四）采样后处理

样品采集结束后，所用到的锐器（如针头）和产生的废物处理应参照 GB/T 19489 第 7.19 条 “废物处置” 的规定进行。

（五）PCR 检测

1. 引物设计

在病毒的早期转录区选择 E3 基因的保守序列区域作为引物，可以利用 PCR 的扩增产物大小将 CAV-1 和 CAV-2 明显区分：CAV-1 为 520bp，CAV-2 为 1030bp。引物序列为：P1：5'-CGCGCTGAACATTACTACCTTGTC-3'，P2：5'-CCTAGAGCACTTCGTGTCCGCTT-3'。参照 SN/T 4749 7 “DNA 抽提” 制备犬样品中的 DNA；或者按照商品化的基因组 DNA 提取试剂盒说明书，提取样品中的基因组 DNA。提取的 DNA，质量和浓度检测合格后，作为 PCR 检测反应模板，立即进行检测，或于–20℃低温保存。

2. PCR 反应体系

模板 1μL，DNA 聚合酶 1μL，P1 和 P2（10 μmol/L）各 1μL，ddH₂O 7μL。反应条件为：95℃ 5min；94℃ 30s，62℃ 30s，72℃ 70s，35 个循环；72℃ 10min。设立阳性对照和阴性对照，阳性对照为 CAV-1 病毒培养液或阳性组织，阴性对照为无菌水。

3. 电泳

反应结束后，取 5μL PCR 产物与上样缓冲液混合，以乙酸盐缓冲液为电泳缓冲液，于 1%的琼脂糖凝胶中电泳。同时以包含 500bp 和 1000bp 大小的适合的 DNA 分子质量标准物为参照。150V 恒压电泳 25min，紫外灯下观察。

4. 结果判定

在对照成立的前提下：

（1）被检样品仅在 508bp 处出现一条特异的条带，判定被检样品中可能含有 CAV-1 核酸；

（2）被检样品仅在 1030bp 处出现一条特异的条带，判定被检样品中可能含有 CAV-2 核酸；

（3）被检样品同时在 508bp 和 1030bp 处各出现一条特异的条带，判定被检样品中同时含有 CAV-1 和 CAV-2 核酸；

（4）若无条带出现，则样品中 CAV-1 和 CAV-2 核酸阴性。

必要时，对扩增产物进行序列测定验证。

（六）IFA 检测

1. 阳性血清、阴性血清和病毒感染细胞的制备

按照 GB/T 14926.58 中 4.1.3 的规定，CAV 阳性血清为犬传染性自然感染犬血清或实验感染血清；阴性血清为无犬传染性肝炎感染、未经免疫的犬血清。

按照 NY/T 683 3.2“操作方法”的规定制备 CAV 感染 MDCK 细胞。用含 8%新生牛血清的 DMEM 培养基，在 37℃培养 MDCK 细胞，每 3 天～4 天传代一次，至细胞长成单层时，用 0.1mL 处理好的组织悬液接种，37℃吸附 1h。加入无血清 DMEM 继续培养 3 天～4 天。当细胞出现增大变圆、折光性增强、聚集成葡萄串状特征性病变。弃培养液，沿孔壁缓慢加入 PBS，静置漂洗细胞，漂洗 2 次。加入 4%多聚甲醛，室温固定 15min。

2. IFA 检测

IFA 检测步骤，参照 GB/T 17999.10 4“操作程序”进行。弃去固定液，同法用 PBS 漂洗细胞。以 1∶50 稀释的被检犬血清，37℃孵育 45min；以 1∶200 稀释的 FITC 标记兔抗犬 IgG 为二抗，37℃孵育 30min。一抗和二抗作用后均用 PBS 彻底漂洗，置荧光显微镜下观察。设阳性血清和阴性血清作为对照。

3. 结果判定

CAV-1 感染 MDCK 细胞中，加入阳性血清，细胞内可见清晰的黄绿色荧光；加入阴性血清，细胞内无荧光。正常 MDCK 中，加入阳性血清，细胞内无荧光。在以上条件成立的基础上，加入待检血清，细胞内可见清晰的绿色荧光，则判定被检犬血清为 CAV-1 或 CAV-2 抗体阳性。

（七）综合判定

PCR 结果为 CAV-1 阳性、IFA 结果阳性时，判定被检犬为有 CAV-1 感染史，且正在感染；PCR 结果为 CAV-2 阳性、IFA 结果阳性时，判定被检犬为有 CAV-2 感染史，且正在感染；PCR 结果为阴性、IFA 结果为阳性时，判定被检犬有 CAV-1 和（或）CAV-2 感染史。

第六节 分 析 报 告

一、ICH 自然感染过程及大体病变

根据文献，ICHV 自然感染犬的过程是：病毒自然通过口咽部进入机体，首先侵入扁桃体，进而扩散到局部淋巴结和淋巴管中增殖。病毒从淋巴导管进入血液循环导致犬的病毒血症，后感染其他组织，使受累组织器官的血管内皮细胞，尤其是肝脏损伤，最后经口鼻分泌物或排泄物排毒。在病程的急性阶段，病毒分布在病犬的全身各组织。有时在恢复期可见角膜混浊，俗称“蓝眼”。尿中排毒可达 180 天 ~ 270 天。CAV-1 和 CAV-2 在体内的组织嗜性不同：CAV-1 倾向于肝细胞和脑、肾、眼等的内皮细胞，引起肝炎、肾炎、脑炎和结膜炎等；而 CAV-2 则多倾向于呼吸道、消化道黏膜上皮细胞，引起喉气管炎或消化道方面的疾病。

二、PCR 方法的验证

（一）PCR 方法被检样品的选择

起草组利用 CAV-1 强毒腿部肌肉注射 3 只 60 日龄普通级比格犬，PCR 检测结果表明，攻毒后 3 天血液呈阳性，11 天口腔黏膜阳性，13 天尿液阳性，因此本标准中将 PCR 检测的组织规定为血液、口腔黏膜/咽拭子和尿样。攻毒后 11 天结束实验，利用本标准建立的 PCR 法对咽拭子、口腔黏膜、胸腺、扁桃体、脑干、颌下淋巴结、腹腔淋巴结、肠淋巴结、肝脏、膀胱、脾、肾、新、盲肠、空肠等多种组织检测，结果腹腔淋巴结中的病毒含量最高。在感染早期，有个别犬的血液样品中扩增出了 CAV-2 型特异性条带，经序列测定得到验证，说明实验幼犬体内还存留有 CAV-2 活疫苗病毒。

（二）IFA 方法的验证

IFA 检测结果表明，不同稀释度的阳性血清呈现不同强度的特异性荧光，阴性对照未显示。为了便于判定 IFA 效价，可以将不同强度的荧光反应划分为五个等级，如图 1 所示。

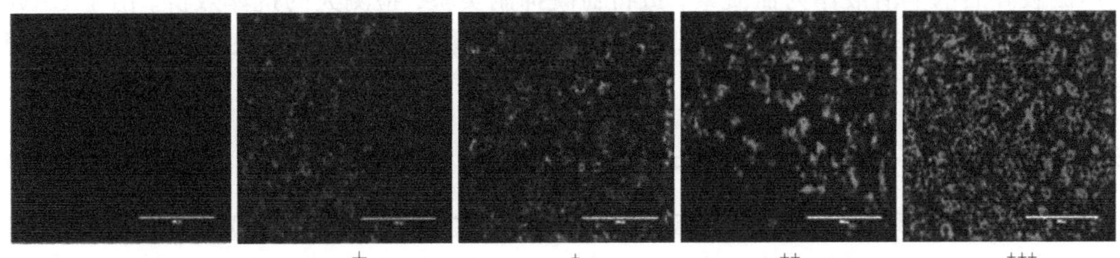

图 1 CAV-1 感染 MDCK 检测犬血清抗体的 IFA 结果

对实验犬人工感染 CAV-1 强毒，依据建立的 IFA 方法检测血清抗体，以荧光强度达+++判为强阳性。按 10 倍、20 倍、40 倍、80 倍、160 倍和 320 倍稀释，结果表明有 2 只实验犬在感染 CAV-1 时即存在效价为 1∶100～1∶200 的 IFA 血清抗体，疑似来自亲代免疫 CAV-2 活疫苗导致的母源抗体；无 IFA 抗体的犬在接种 CAV-1 强毒后 6 天，效价达到 1∶300，之后逐渐下降。实验结果见图 2，表明该技术可用于实验动物犬的 CAV-1 或 CAV-2 抗体检测。

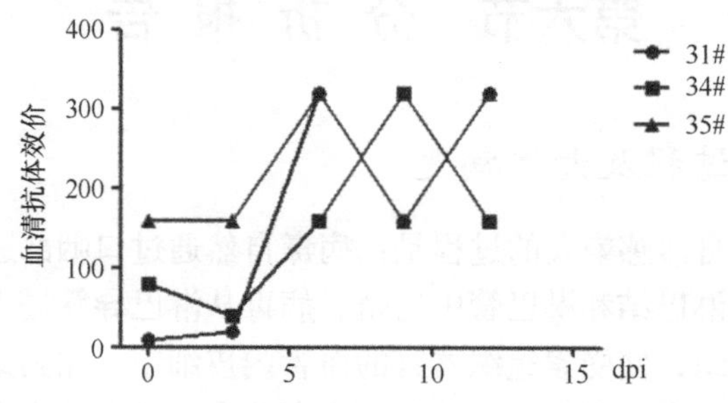

图 2 3 只攻毒犬血清中的 IFA 抗体效价动态变化

第七节 国内外同类标准分析

一、与 NY/T 683—2003 的比较

现行农业行业标准 NY/T 683—2003《犬传染性肝炎诊断技术》于 2003 年 10 月 1 日开始实施。该标准规定了犬传染性肝炎的临床诊断、病毒的分离与鉴定、酶联免疫吸附试验和免疫酶组织化学方法等诊断技术，适用于犬传染性肝炎的诊断。该标准描述了 ICH 的临床症状、病理变化、病毒分离、ELISA 抗体检测方法及免疫酶组织化学抗原检测法。这些方法虽然经典，但耗时长、技术要求高，在分子生物学技术已成熟和普及的当下，已不太适合。而该标准对于免疫 CAV-2 的实验动物犬群或个体的检测不合适。

二、与 GB 14926.58—2008 的比较

现行国家标准 GB 14926.58—2008《实验动物传染性犬肝炎病毒检测方法》于 2009 年 3 月 1 日开始实施，规定了 ICHV 的检测方法和试剂，适用于 ICHV 的检测。采用 ICHV 感染 MDCK 细胞的培养物作为 ELISA 抗原，用 ELISA 方法检测抗体；或者将细胞培养物超声波破碎后的上清液作为血凝素，进行血凝抑制实验，检测犬的抗体效价。由于 CAV-1 和 CAV-2 有血清学交叉反应，该方法无法区分抗体阳性被检测犬是来自母源抗体还是野毒感染。

三、与 SN/T 4749—2017 的比较

现行我国出入境检验检疫行业标准 SN/T 4749—2017《犬传染性肝炎检疫技术规范》于 2017 年 12 月 1 日开始实施。该标准规定了犬传染性肝炎 PCR 和定量 PCR 检测的操作方法，适用于犬传染性肝炎流行病学调查、诊断、检疫和监测。该技术建立的 ICHV 的 PCR

和定量 PCR 方法能检测出被检犬是否体内含有 CAV-1 核酸，但对是否存在活疫苗 CAV-2，以及血清学抗体应答等方面没有涉及。

四、与国际标准的比较

关于国际标准，尚未查到各国有针对 ICH 或 ICHV 的规范类标准。在世界动物卫生组织（OIE）上也未明确规定对 ICH 或 ICHV 的检测技术。

第八节 与法律法规、标准的关系

本技术在执行过程中，涉及从活体动物采样，存在生物安全隐患，尤其在识别出有高等级生物安全风险时，相应操作应符合国家强制性标准 GB 19489《实验室 生物安全通用要求》。涉及的样品采样、保存和运输等环节，应符合农业部的推荐标准 NY/T 541《兽医诊断样品采集、保存与运输技术规范》。本标准与其他的现行法律、法规和强制性标准不存在冲突。

第九节 重大分歧意见的处理经过和依据

从标准结构框架和制定原则的确定、标准的引用、有关技术指标和参数的试验验证、主要条款的确定直到标准草稿征求专家意见（通过函寄和会议形式多次咨询与研讨），均未出现重大意见分歧的情况。

第十节 作为推荐性标准的建议

PCR 方法虽然具有操作简便、速度快、特异性强等优点，但是容易出现假阳性；IFA 方法需要有荧光显微镜和较强的经验，建议作为推荐性条款。

第十一节 标准实施要求和措施

建议由中国实验动物学会及其各专业委员会和工作委员会组织本标准的宣传、推广和实施监督。

第十二节 本标准常见知识问答

无。

第十三节 其他说明事项

无。

第四篇

实验动物产品系列标准

第九章　T/CALAS 65—2019《实验动物　热回收净化空调机组》实施指南

第一节　工 作 简 况

根据中国实验动物学会实验动物标准化专业委员会下达的 2017 年团体标准（修）订计划安排，由中国建筑科学研究院有限公司负责团体标准《实验动物　热回收净化空调机组》编制工作。该工作由全国实验动物标准化技术委员会（SAC/TC281）技术审查，由中国实验动物学会归口管理。本标准的编制工作是按照中华人民共和国国家标准 GB/T1.1—2009《标准化工作导则》第 1 部分“标准的结构和编写规则”的要求进行编写的。

实验动物设施建设涉及多个领域，包括医疗、卫生、防疫、农业、军事等，近年来由于禽流感、口蹄疫、生物恐怖等的出现，更加凸显了实验动物设施房建设的重要性。实验动物设施中的空调系统用来满足人员、动物、动物饲养设备等的污染负荷及建筑物热湿负荷的需求，是保障实验动物房环境空气品质的必需设备。而空调机组作为实验动物房空调系统的重要设备之一，其设计标准、机组性能、运行状况、检验标准等有别于普通空调机组。现行针对空调机组的相关规范如 GB12021.3—2010《房间空调器能效限定值及能效等级》、GB/T 14294—2008《组合式空调机组》的相关规定均为一般性规定，目前实验动物相关规范中尚未发现针对该类设备的专门规定。因此，亟须建立适用于实验动物房的空调机组的标准。

实验动物设施使用的节能型空调机组对净化和节能方面的要求较高，高品质的节能净化型机组的应用可有效保障实验动物房的空气品质，降低运行能耗。本标准的编制可以规范热回收净化空调机组的选型、测试等，并细化实验动物房用空调机组的具体要求。热回收净化空调机组能避免排风污染新风的问题，可有效保障实验动物房内的空气品质。同时该类机组还可回收排风热量，可降低整个设施的能耗，对于节能减排、降低实验动物房空调系统的运行成本具有重要的意义。

第二节　工 作 过 程

自 2017 年接到中国实验动物学会下达的编制任务之后，编制组成员开始了文献调研和资料调研工作。

《实验动物　热回收净化空调机组》编制组成立暨第一次编制工作会议于 2017 年 10 月 16 日在中国建筑科学研究院召开。标准主编单位根据前期工作内容，介绍了标准编制要求、技术原则及主要内容框架构想；编制组成员研究讨论了编制工作程序、编制大纲及进度计划；确定了下一步的编制工作。初步确定标准框架分为7个部分，分别为：范围；规范性引用文件；术语和定义；分类与标记；技术要求；试验方法。空调机组作为实验动物房空调系统的核心设备，其设计标准、机组性能、运行状况、检验标准等有别于普通空调机组，目前实验动物相关规范中尚无针对该类设备的相关规定，亟须建立适用于实验动物房的空调机组的标准。会议同时明确了标准的定位应遵循以下思想：①贯彻国家法律法规；②相关条文内容要体现实验动物房使用的特有要求。

2018年3月28日，中国实验动物学会团体标准《实验动物　热回收空调机组》第二次工作会议在北京召开。会议对标准的草稿进行了细化修改，增加2个章节——检验规则、运输的内容。会议强调了团体标准的重要地位，以及标准要用到实处，与工程问题相结合，能切实指导解决工程设计和使用中的问题等。

2018年9月8日，中国实验动物学会团体标准《实验动物　热回收空调机组》第三次工作会议在北京召开。会议对标准的条文进行了逐条讨论，形成了条文的征求意见稿初稿。后续，标准编制秘书组对该标准的编制进行进一步整理，并准备最终的征求意见稿。

2019年5月21日，由全国实验动物标准化技术委员会组织的团体标准审查会在北京召开，会上对标准征求意见稿进行了审查，形成了专家意见。会后编制组根据专家意见进行了修改，形成了标准送审稿。

第三节　编写背景

我国实验动物设施的发展非常迅速，已建成了许多实验动物设施，然而现有标准主要是解决如何建设实验动物设施以满足实验动物设施的环境要求。随着国家对节能减排的重视，加之实验动物设施已建工程中全新风系统居多，其能耗比普通空调系统高出很多，运行费用巨大，因此，在空调系统设计及使用过程中，必须把“节能”作为一个重要的条件来考虑，在满足使用功能的条件下，尽可能实现节能运行。

该标准针对我国实验动物设施净化空调系统中所采用的热回收净化空调机组建立相应规范。该热回收净化空调机组能避免排风污染新风的问题，可有效保障实验动物房内的空气品质。同时该类机组还可回收排风热量，以最大限度地降低整个设施的能耗，对于节能减排、降低实验动物房空调系统的运行成本具有重要的意义。

第四节　编制原则

（1）科学性原则：在尊重科学、采用调研和应用情况调查的基础上，制定本标准。

（2）适用性原则：基于实验动物设施的需求，结合市场上应用的产品，统筹考虑，制定相关性能要求。

（3）协调性原则：以提高空调机组的净化及节能性能为核心，符合相关规范的要求。

第五节 内 容 解 读

本标准共分为9部分内容，包括：范围、规范性引用文件、术语和定义、分类和标准、技术要求、性能要求、试验、检验规则，以及包装、运输和储存。

一、范围

本标准规定了实验动物热回收净化空调机组的分类、标记、技术和性能要求、试验、检验规则、包装、运输和储存的基本内容等。

本标准适用于实验动物屏障环境设施中的热回收净化空调机组。

二、规范性引用文件

下列文件对于本标准的应用是必不可少的。凡是注明日期的引用文件，仅所注日期的版本适用于本标准。凡是不注日期的引用文件，其最新版本（包括所有的修改单）适用于本标准。

GB/T 14294　《组合式空调机组》
GB 14295　《空气过滤器》
GB/T 21087　《空气-空气能量热回收装置》

三、术语和定义

下列术语和定义适用于本标准。

1.

热回收净化空调机组 energy efficient clean air conditioning unit

应用热回收装置实现空气能量回收且满足洁净要求的空气处理设备。

2.

显热交换装置 sensible heat exchange equipment

新风与排风之间只产生显热交换的装置。

3.

温度交换效率 temperature exchange effectiveness

对应风量下，新风进、出口温差与新风进口、排风出口温差之比，以百分数表示。

4.

焓交换效率 enthalpy exchange effectiveness

对应风量下，新风进、出口焓差与新风进口、排风出口焓差之比，以百分数表示。

5.

溶液吸收式热回收装置 absorption energy recovery equipment

利用吸湿溶液作为媒介通过在新风和排风之间的循环流动实现能量回收的装置。

四、分类和标记

(一)分类

1. 按结构型式分

卧式(W)

立式(L)

吊顶式(D)

其他(Q)

2. 按换热类型分

全热型(QR)

显热型(XR)

3. 按额定风量分

按额定风量机组可分为多种规格，规格代号见表 1。

表 1 额定风量规格对照表

规格代号	1	2	3	4	5	6	7	8
额定风量/(m^3/h)	1 000	2 000	3 000	4 000	5 000	6 000	7 000	8 000
规格代号	10	15	20	25	30	40	50	60
额定风量/(m^3/h)	10 000	15 000	20 000	25 000	30 000	40 000	50 000	60 000

(二)标记

示例:

DJJ W XR 2

表示卧式显热换热节能型净化空调机组，额定风量 2000m^3/h。

五、技术要求

(一)一般要求

(1)实验动物用热回收净化空调机组的整体内壁应光洁，不易滋菌。宜采用不易滋菌材料制作。

(2)实验动物用热回收净化空调机组应采取可靠措施避免新、排风交叉污染。

(3)实验动物用热回收净化空调机组各功能段的设置不但应保证空气的热湿处理要求，还必须防止机组内部积尘滋菌，保证所输送的空气满足卫生要求。

(4)实验动物用热回收净化空调机组的空气过滤材料应有良好的过滤性能，并且无毒、无异味、不吸水、抗菌，且应有足够的强度。

(二)空调机组零、部件

(1)实验动物用热回收净化空调机组各零部件应防锈、耐消毒物品腐蚀，不易积尘滋菌。

(2)实验动物用热回收净化空调机组需配置加湿器时，所用加湿介质应符合卫生要求，且加湿器本身不易滋生细菌。

（3）实验动物用热回收净化空调机组不应选用产生污染的材料。

（三）过滤段

（1）实验动物用热回收净化空调机组至少应设置粗、中两级空气过滤，粗效过滤器应设置在新风口。

（2）全新风系统宜在表冷器前设置保护用的中效过滤器。

（四）热回收装置

（1）热回收交换效率应符合表 2 的规定。

表 2　热回收交换效率要求

类型	效率要求/%	
	制冷	制热
温度交换效率	>65	>70
焓交换效率	>55	>60

注：按《空气-空气能量回收装置》GB/T 21087—2007 中表 3 规定工况，且新、排风量相等的条件下测量效率。温度效率适用于显热回收，焓效率适用于全热回收。

（2）实验动物用热回收净化空调机组换热效率应进行现场实测，实测温度交换效率不应低于 60%，实测焓交换效率不应低于 50%。

（3）热回收装置换热时，其断面风速宜符合表 3 的规定。

表 3　热回收装置的断面风速

热回收装置形式	板式	板翅式	热管式	液体循环式
断面风速/（m/s）	1.0 ~ 3.0	1.0 ~ 3.0	1.0 ~ 3.0	1.5 ~ 3.0

（4）实验动物用节能型净化空调机组应实现冬季/夏季的热回收，并宜根据运行工况设置热回收模式与旁通模式的切换。

（5）溶液吸收式热回收装置出风口的空气质量应符合相关卫生标准。

（6）溶液吸收式热回收装置采用腐蚀性溶液时，应采取可靠措施防止溶液泄漏。

六、性能要求

（一）通用要求

1. 额定风量和风压

风量实测值不应低于额定值的 95%，机外静压实测值不应低于额定值的 90%。

2. 漏风率

在机组内静压保持 1000Pa 时，机组漏风率不应大于 1%。

3. 过滤器效率和阻力

过滤器效率和阻力应满足 GB/T 14295 的有关规定。

4. 断面风速均匀度

断面风速均匀度不应小于 80%。

5. 机组的振动

风机转速≤800r/min 时，机组的震动速度不大于 3mm/s；风机转速>800r/min 时，机组的震动速度不大于 4mm/s。

6. 滤菌效率

中效过滤器的滤菌效率根据滤尘效率推算（对能带菌的最小粒子）不应小于 90%。

（二）安全要求

实验动物用热回收净化空调机组的安全要求应符合 GB/T 14294—2008 中“6.4　安全性能”的规定。

七、试验

（一）一般要求

（1）试验机组应按功能段组成整机进行试验。

（2）试验机组应按产品说明书要求组装和安装，除非在试验方法中有规定，不应采取任何特殊处理措施。

（二）试验条件

（1）机组一般性能的试验条件应符合 GB/T 14294—2008 中“7.2　试验条件”的规定。

（2）机组的热回收试验条件应符合 GB/T 21087—2007 中“6.1　试验条件”的规定。

（三）试验方法

（1）机组一般性能的试验方法应符合 GB/T 14294—2008 中“7　试验方法”的规定。

（2）机组的热回收性能试验方法应符合 GB/T 21087—2007 中“6.2.6　交换效率试验”的规定。

八、检验规则

（1）机组检验分为出厂检验、抽样检验和型式检验。

（2）机组一般性能的检验项目应符合 GB/T 14294—2008 中“8.1.2”表 7 的规定。

（3）机组中热回收性能的检验项目应符合 GB/T 21087—2007 中“7.1.2　检验项目”的规定。

（4）机组的出厂检验应符合 GB/T 14294—2008 中“8.2　出厂检验”的规定。

（5）机组的型式检验应符合 GB/T 14294—2008 中“8.3　型式检验”的规定。

九、包装、运输和储存

（1）每台机组应有产品铭牌，并固定在箱体明显的部位。铭牌上应清晰地包括下列内容：

①机组名称、型号；

②机组主要技术参数：额定风量、机外静压、机组全静压、供冷量、供热量、额定电压、输入功率、安装角度（适用于热管装置）、交换效率等；

③机组外形尺寸：长×宽×高；
④机组重量；
⑤出厂编号与出厂日期；
⑥制造厂名称；
⑦采用标准。
（2）机组应标明工作状况即旋转方向、开和关等标志，并附有电气线路图。
（3）机组包装应符合 GB/T 14294—2008 中“9.2　包装”的规定。
（4）机组的运输和储存应符合 GB/T 14294—2008 中“9.3　运输和储存”的规定。

第六节　分析报告

无。

第七节　国内外同类标准分析

未发现国际上相类似的标准。

第八节　与法律法规、标准的关系

与现行标准《实验动物　环境及设施》《实验动物设施建筑技术规范》《生物安全实验室建筑技术规范》相协调。

第九节　重大分歧意见的处理经过和依据

无。

第十节　作为推荐性标准的建议

建议作为推荐性标准使用。

第十一节　标准实施要求和措施

标准发布实施后，建议可开展相关宣传活动。

第十二节　废止现行有关标准的建议

本标准与现行标准无冲突，不存在废止的情况。

第十三节　其他说明事项

无。

第十章　T/CALAS 72—2019《实验动物　无菌猪隔离器》实施指南

第一节　工 作 简 况

生命科学、医药行业和现代畜牧业领域的迅猛发展离不开无菌实验动物。随着菌群与宿主互作研究的深入，菌群与健康关系越来越受到关注，客观上促进了科学研究对高等级实验动物的需求。其中，对高等级大型实验动物（无菌猪）的需求日益增多。无菌猪是一种特殊的实验大动物模型，它具有微生物背景清晰、体型大、无伦理限制等特点。通过无菌猪和有菌猪的比较，可以明确菌（群）的作用；此外，利用无菌猪构建目的菌群猪模型，可以揭示宿主动物与肠道菌群之间的关系，亦可进行新药、新营养品和疫苗的临床前安全性及有效性等评价研究。

2013 年起，重庆市畜牧科学院率先开展了无菌猪的培育相关研究工作，建立了猪用屏障设施，2016 年，重庆市畜牧科学院在重庆市科技计划项目《无菌动物应用示范平台》（项目编号：cstc2015pt-nsjg80003）资助下开展了无菌猪培育的标准化技术体系的研究，自主研发了无菌猪培育用关键设备，建立了猪无菌剖腹产获取、无菌猪的传递和人工饲养，以及无菌猪微生物和寄生虫监测等技术体系。2018 年 7 月，经中国实验动物学会实验动物标准化专业委员会审查通过并下达《实验动物　无菌猪隔离器》团体标准编制任务。承担单位为重庆市畜牧科学院和重庆医科大学。

第二节　工 作 过 程

自 2018 年 7 月，接到中国实验动物学会下达的编制任务之后，启动编制工作，编写人员开始查阅文件资料并将建立的无菌猪培育经验进行总结，对收集的相关资料进行整理。工作组召开内部会议，讨论并确定了标准编制的原则和指导事项；制订了编制大纲和工作计划。2018 年 9 月，工作组形成初稿，并组织相关专家进行修改，经过多次修改后，本标准征求意见稿分别在 2018 年 10 月、2019 年 3 月和 5 月又经过标委会专家的审议和修改，最终在 2019 年 6 月形成报批稿。

第三节　编 写 背 景

猪与人类具有相似的生理特点和解剖结构，特别是猪的消化代谢特点和肠道结构与人高度相似，在前沿基础科学研究中具有重要地位。由于没有微生物背景干扰，无菌猪被认为是研究人类胃肠道、免疫及大脑发育等影响因素的首选非灵长类动物模型。无菌猪的应用，已从最早用于畜牧生产重大疫病净化，逐渐扩展为用于肠道微生物与生长发育、疾病发生关系研究，以及儿童疫苗、婴幼儿奶粉等质量评价研究。目前，无菌猪已用于肠出血性大肠杆菌感染、艰难梭菌感染等研究；与菌群移植技术结合，适用于肠道菌群与环境互作研究。此外，利用基因编辑技术和猪的无菌净化技术，未来有望将猪作为人类自体器官培养的工厂，有效解决器官移植供体不足和安全性问题。

然而，国内外至今尚没有无菌猪的获取、生产、饲养和微生物质量控制等相关规范或标准，行业迫切需要对无菌猪生产和质控技术等加以规范，标准的制定将极大促进我国无菌猪的标准化水平。

第四节 编 制 原 则

本标准的编制遵循下列原则：

（1）保证标准修订过程的科学性；

（2）保证标准执行过程的可操作性；

（3）充分考虑我国国情，符合我国技术发展水平。

第五节 内 容 解 读

本标准由范围、规范性引用文件、用途、结构类型和尺寸、要求、试验方法、检验规则，以及标志、包装、运输与储存共 8 部分组成，现将主要技术内容说明如下。

一、范围

本标准规定了无菌猪饲养隔离器、无菌猪运输隔离器、无菌猪子宫剥离器的要求、试验方法、检验规则、标志、包装、运输和储存。

本标准适用于无菌猪及相应微生物控制级别的饲养隔离器、运输隔离器、子宫剥离器。

二、规范性引用文件

下列文件对于本标准的应用是必不可少的。凡是注明日期的引用文件，仅所注日期的版本适用于本标准。凡是不注日期的引用文件，其最新版本（包括所有的修改单）适用于本文件。

GB/T 191—2008 《包装储运图示标志》

GB/T 12218 《一般通风用空气过滤器性能试验方法》

GB 14922.2—2011 《实验动物 微生物学等级及监测》

GB 14925 《实验动物 环境及设施》

三、用途

根据功能要求，无菌猪隔离器分为无菌子宫剥离器、无菌运输隔离器和无菌饲养隔离器。

（一）无菌子宫剥离器

适用于无菌剖除术获取无菌仔猪。无菌状态下，结扎并脱离母体的子宫经子宫剥离器的消毒渡槽，进入子宫剥离器内操作平台，在平台上获取新生仔猪。

（二）无菌运输隔离器

与无菌子宫剥离器对接，可用于无菌新生仔猪的转移；单独使用时，可用于无菌猪中转与异地运输。

（三）无菌饲养隔离器

正压时，适用于无菌猪和悉生猪的饲养，控制外源微生物扩散到隔离器内部区域；负压时，适用于猪感染性动物实验，控制感染源扩散到隔离器外部区域。

无菌猪始终生活于无菌猪隔离器内。

四、结构类型和尺寸

（一）结构

1. 无菌猪饲养隔离器

应由架体、密封罩、观察窗、隔离腔体、传递系统、操作手套、进出风过滤系统等组成。

2. 无菌猪运输隔离器

应由架体、密封罩、观察窗、隔离腔体、传递系统、操作手套、进出风过滤系统等组成。

3. 无菌猪子宫剥离器

应由架体、密封罩、观察窗、隔离腔体、消毒液槽、操作手套、无菌操作台、传递系统、进出风过滤系统等组成。

（二）类型

可选用软质或硬质材料。软质隔离腔体主体空间大小可随通风而变化，宜用于无菌猪饲养隔离器。硬质隔离腔体主体空间大小应不随通风而变化，宜用于无菌猪运输隔离器、无菌猪子宫剥离器。

（三）尺寸

1. 无菌猪饲养隔离器尺寸

应根据实验猪饲育品种、动物实验的要求确定隔离器的尺寸。

2. 无菌猪运输隔离器尺寸

应根据无菌猪大小、运输数量的要求确定无菌猪运输隔离器的尺寸。

3. 无菌猪子宫剥离器尺寸

应根据实验猪饲育品种的要求确定子宫剥离器的消毒液槽和无菌操作台的尺寸。

五、要求

（一）架体

采用不锈钢材料制作，架体应稳定、牢固、平整、装拆和移动方便、耐腐蚀。隔离器风机与架体采用管道连接，架体应无明显振动。

（二）密封罩

宜采用耐腐蚀、耐高温、耐高压、易清洗、透明、柔韧、无毒塑料密封罩，具有带塞消毒孔，宜用于无菌猪隔离器内物品传递系统的密封。

（三）观察窗

采用耐腐蚀的不锈钢、有机玻璃等硬质材料一体成型或密封焊接组成，顶部宜具有透明硬质观察窗，应密封、无泄漏。

（四）隔离腔体

应密封、无泄漏。

（五）传递系统

应密封。用于不同种类物品、动物体传递空间。

（六）操作手套

连接隔离器密封罩操作用的胶质手套应密封、大小适用。

（七）进出风过滤系统

进风处应有初、中、高效过滤，出风处应有中、高效过滤。

（八）消毒液槽

采用耐腐蚀的不锈钢等硬质材料密封焊接组成，具有开口，应可以液封，具有放水口，可排放废液。

（九）无菌操作台

采用耐腐蚀的不锈钢等硬质材料密封焊接组成，底部具有水平推拉盖，应可密封。

（十）外观

表面应光洁、耐腐蚀。

（十一）性能

空气进风口应经初效、中效、高效三级过滤，出风口经中效、高效二级过滤，使隔离器内在静态时的送风口洁净度达到 GB 14925 要求的 7 级或更高洁净度要求。

隔离器内落下菌数不应检出。

隔离器内气流速度应为 0.1m/s ~ 0.3m/s。

隔离器内外梯度压差应为 20Pa ~ 55Pa。

隔离器内换气次数应为 20 次/h ~ 50 次/h。

隔离器内饲养区内噪声应≤55 分贝。

六、试验方法

（一）外观

手触、目测。

（二）耐腐蚀

将隔离器腔体使用材料取一部分分别在 pH2、pH10 的溶液中浸泡 24h，应无损坏。

（三）饲养隔离器内气流速度

按 GB 14925—2010 附录 B 规定执行。

（四）饲养隔离器内换气次数

按 GB 14925—2010 附录 C 规定执行。

（五）饲养隔离器内空气洁净度

按 GB 14925—2010 附录 E 规定执行。

（六）饲养隔离器内沉降菌数

按 GB 14925—2010 附录 F 规定执行。

七、检验规则

应对产品逐台进行检验，检验合格并附合格证方可出厂。

产品经检验如有不合格项目，允许修复一次，复检后不合格则该台产品不合格。

八、标志、包装、运输、储存

（一）标志

产品上应标明：

注册商标、产品名称、型号、数量、标准编号。

制造厂名称、地址、生产日期。

体积（长×宽×高）。

符合 GB/T 191 规定的图示标志。

（二）包装

隔离器先用软体材料包裹衬垫，再用打包带紧密捆扎牢固。

最外层用硬质材料包装。

密封罩、手套等配件应单独装箱、打包并用纸箱包装。

（三）运输与储存

储存时应防潮、通风，避免腐蚀性气（液）体污染和剧烈碰撞。

第六节 分析报告

本标准作为无菌猪关键设备的设计、用途和技术要求，可参考本技术要求对无菌猪隔离器进行设计和指标验证，并编制报告。

第七节 国内外同类标准分析

目前国内外尚无对无菌猪隔离器提出具体技术要求的标准，本标准为第一个针对无菌猪培育用关键设备要求的团体标准。

第八节 与法律法规、标准的关系

本标准按 GB/T 1.1—2009 规则和实验动物标准的基本结构撰写，与实验动物标准体系协调统一，与《实验动物管理条例》《实验动物质量管理办法》《实验动物许可证管理办法》《实验动物种子中心管理办法》等国家相关法规和实验动物强制性标准的规定和要求协调一致，是我国实验动物标准体系的重要补充。

第九节 重大分歧的处理和依据

无。

第十节 作为推荐性标准的建议

本标准发布实施后建议作为推荐性标准使用。

第十一节 标准实施要求和措施

本标准发布实施后，建议通过培训班、会议和网络宣传等形式积极开展宣传贯彻活动，面向各行业开展动物实验的机构和个人，宣传贯彻标准内容。

第十二节 本标准常见知识问答

无。

第十三节 其他说明事项

无。

参考文献

杜蕾，孙静，葛良鹏，等. 2016. 无菌猪的研究进展. 中国实验动物学报，24（5）：546-550.

杜蕾，孙静，葛良鹏，等. 2017. 肠道菌群对动物免疫系统早期发育的影响. 中国畜牧杂志，53（6）：10-14.

黄勇，杨松全，游小燕，等. 2016. 一种无菌仔猪运输隔离器. ZL201620645582-3（专利号）.

孙静，杜蕾，丁玉春，等. 2017. 无菌猪的制备与微生物质量控制. 中国实验动物学报，25（6）：699-702.

Brady M J，Radhakrishnan P，Liu H，et al. 2011. Enhanced actin pedestal formation by enterohemorrhagic *Escherichia coli* O157:H7 adapted to the mammalian host. Frontiers in Microbiology，2：226.

Guilloteau P，Zabielski R，Hammon H M，et al. 2010. Nutritional programming of gastrointestinal tract development. Is the pig a good model for man? Nutrition Research Reviews，23（1）：4-22.

Meurens F，Summerfield A，Nauwynck H，et al. 2012. The pig：a model for human infectious diseases. Trends in Microbiology，20（1）：50-57.

Odle J，Lin X，Jacobi S K，et al. 2014. The suckling piglet as an agrimedical model for the study of pediatric nutrition and metabolism. Annual Review of Animal Biosciences，2：419-444.

Steele J, Feng H, Parry N, et al. 2010. Piglet models of acute or chronic Clostridium difficile illness. The Journal of Infectious Diseases, 201（3）: 428-434.

Wang M, Donovan S M. 2015. Human microbiota-associated swine: current progress and future opportunities. ILAR Journal, 56（1）: 63-73.

Wu J, Platero-Luengo A, Sakurai M, et al. 2017. Interspecies chimerism with mammalian pluripotent stem cells. Cell, 168（3）: 473-486 e15.

第五篇

动物实验系列标准

第十一章　T/CALAS 74—2019《实验动物　小鼠和大鼠学习记忆行为实验规范》实施指南

第一节　工 作 简 况

《实验动物　小鼠和大鼠学习记忆行为实验规范》于2016年10月，经中国实验动物学会标准化委员会讨论通过，由中国实验动物科技创新产业联盟、中国实验动物学会动物模型鉴定与评价工作委员会负责组织，由中国医学科学院药用植物研究所、中国航天员中心、西南医科大学、湖南中医药大学、中国医学科学院医学实验动物研究所、湖南省实验动物中心、北京大学药学院和北大未名生物工程集团有限公司具体承担。编制小组依托各研究机构多年来在大鼠、小鼠情绪行为实验方面积累的经验和工作基础，结合国内外公开发表的情绪相关实验文献进行编制。先后三次在北京、泸州和长沙召开来自全国各地从事神经精神药效评价、动物行为实验和基础医学研究专家参加的研讨会，编制小组成员利用网络电话、邮件和微信等现代通信媒体定期进行沟通，参与编制人员40多人次，历时三年完成了《实验动物　小鼠和大鼠学习记忆行为实验规范》的编制工作，并于2019年7月经中国实验动物学会批准发布实施。

第二节　工 作 过 程

2015年1月，在北京召开的中国实验动物科技创新产业联盟第二次年会上，联盟秘书处向各联盟成员单位介绍了拟开展制定“实验动物　大鼠小鼠情绪行为实验规范”等联盟标准的建议并获得各成员单位的赞同。随后依托设立在北大未名生物工程集团的实验动物产业联盟办公室，由来自中国医学科学院药用植物研究所、军事医学科学院毒物药物研究所、中国航天员中心、中国医学科学院实验动物研究所、西南医科大学等专门从事大鼠和小鼠情绪行为实验研究的专家组成了“实验动物　大鼠小鼠学习记忆行为实验规范”编制小组，讨论形成了编制工作计划、编制原则和指导思想。

2016年3月，在安徽巢湖未名集团召开的中国实验动物科技创新产业联盟第三次年会上，标准主要起草人介绍了包括“实验动物　大鼠小鼠情绪行为实验规范”在内的10项联盟标准建议草稿，并与中国实验动物学会标准化委员会进行沟通。在中国实验动物学会标准化委员会的指导下，标准主要起草人和联盟秘书处决定以10项标准建议草稿为基础，整合为“实验动物　大鼠小鼠学习记忆行为实验规范”等7项团体标准。2016年10月11日，在广西南宁召开的中国实验动物学会标准化委员会专家论证会上，中国实验动物科技创新产业联盟提出的 7 项团体标准获得立项批准。

2016 年 11 月到 2017 年 7 月，标准主要起草人采取召开网络电话会议，以及在泸州、长沙、北京等地实地调研等多种形式，编制过程中，邀请中国药理学会理事长杜冠华教授、中国药理学会神经专业委员会主任委员李锦教授和秘书长梁建辉教授、中国医学科学院神经科学研究中心执行主任许琪教授，以及解放军第四军医大学、中国中医科学院医学实验中心、北京中医药大学中药学院等从事动物情绪行为实验研究的专家参与。利用专家们多年来在大鼠和小鼠情绪行为实验方面积累的工作基础，以 Pubmed 和 CNKI 两种中英文文献库为重点进行查阅，分析整理以综述为重点的文献，总结各实验室有关大鼠和小鼠情绪行为的实验技术和方法。2017 年 7 月 2 日，中国实验动物产业联盟和中国实验动物学会动物资源鉴定与评价委员会在北京联合召开了“实验动物模型技术规范研讨会”，来自北京、湖南、四川、河北、山东、云南等地的 30 位从事动物行为实验的专家听取了标准起草人就“实验动物　大鼠和小鼠学习记忆行为实验规范（草稿）”的介绍，专家们进行了热烈讨论并提出了许多中肯意见。编制小组对草稿进行修改后，于 2018 年 1 月 28 日提交中国实验动物标准化委员会进行讨论。编制小组组织专家进行了完善，形成了征求意见稿和编制说明两份草稿。2018 年 3～5 月，根据中国实验动物标准化委员会的意见，编制小组完善了动物行为评价方法的描述，并进行了标准化语言修改。2018 年 6 月 12 日，实验动物标准化研讨会召开，标委会组织专家对“实验动物　大鼠和小鼠学习记忆行为实验规范”进行审查。2018 年 12 月～2019 年 4 月，根据审查意见，编制小组进一步从语言及架构方面进行了修改，并提交给 2019 年 5 月 21 日召开的中国实验动物标准化委员会全体会议进行了最后审查，根据此次全体委员会的审查意见进行了修改完善，形成了征求意见稿和编制说明两份报批稿。

第三节　编 写 背 景

现代科技发展使得人类的生存环境和生活模式发生了重大转变，老年性痴呆等学习记忆障碍性疾病正逐渐成为危害人类身心健康的重要隐患；人类正向极地、高原、深海和太空拓展的全新生活环境也对人类认知产生重大影响。另外，现代战争正呈现海、陆、空、天、电一体化联合作战态势，军事人员认知能力已成为决定战争胜负的关键要素，而研究这些挑战人类生存发展的难题，寻找其有效的防治措施，都需要开展学习记忆相关的研究。

学习记忆的产生涉及大脑最复杂的高级思维活动，与注意力、兴趣等其他因素密切相关，这其中有胆碱能、兴奋性氨基酸、神经肽等众多神经递质参与的复杂的生理生化反应。从分子、细胞、组织和器官水平研究学习记忆无法反映数以百亿计的神经元及神经突触组成的神经系统在外界刺激后经过复杂的生理、生化加工过程产生的综合性整体效应。而直接以人体为对象暴露于特殊极端环境下的研究，存在极大风险并受到伦理学制约。鉴于动物与人类在进化上的高度保守性，利用实验动物在不同层次的行为响应特征与人类相比所具有的相似性，建立模型进行推演，实现动物与人之间生物效应的等效性分析，揭示人体学习记忆发生发展的基本规律，寻找有效防护措施，已经成为包括现代生命科学、药学、基础医学和军事医学等基础与应用研究的主要有效途径。而大鼠和小鼠等啮齿类动物是学习记忆研究领域常用的实验动物。

我们查阅了中国实验动物学会信息库、中国实验动物学会实验动物标准化专业委员会制定的标准，以及国家军用标准全文数据库系统、国家科技部和中国人民解放军总后勤部卫生部发布的与实验动物相关的技术标准。到目前为止，我国已经建立实验动物遗传、微生物、寄生虫、营养和环境设施等 5 个方面国家标准，包括 12 项强制性标准、71 项推荐性标准和 10 项 SPF 级微生物检测标准，如 GB 14922.1—2001《寄生虫学等级及监测》、GB 14922.2—2001（微生物等级及监测）、GB 14923—2001《哺乳类实验动物的遗传质量控制》、GB 14924.1—2001《配合饲料通用质量标准》、GB 14924.2—2001《配合饲料卫生标准》、GB 14925—2010《环境及设施》，以及正在制定的实验动物-福利伦理审查指南、小鼠和大鼠引种技术规程。以上均是关于实验动物生产和质量控制方面的技术标准，并没有包括学习记忆行为实验在内的动物行为实验相关的技术规范和标准。

第四节 编 制 原 则

一、贴近实践操作，可操作可量化

利用编制小组专家在多年实践工作中建立的评价技术和方法，结合国内外大量参考文献，提出具体可量化的评价指标，使得制定的技术规范可操作、可评判，一方面，避免由于过于宏观而在实践中无法执行，流于形式；另一方面，又要注意不能纠结于细节，沦为某一动物模型制备或实验设备的具体操作规范而无法在实际工作中进行推广应用，进而失去技术规范的意义。

二、评价技术为重点

由于学习记忆的发生机制复杂，现有的动物模型多为通过生物、化学、物理和复合等多种手段进行模拟来建模，然而即使是同一原理构建动物模型，实际上每个实验室和每个操作者的具体方法也可能不一样，使用的仪器设备的具体性能也有差异。针对这种情况，本项目主要集中在学习记忆行为评价实验方法方面，包括行为实验评价方法、测试时间、评价指标及所需的仪器设备，不涉及仪器设备本身的技术参数、性能及动物模型的建立。

三、先进性和适用性相结合

随着现代科技的发展，新的与动物学习记忆行为实验相结合的实验技术和实验方法不断出现，动物行为信息提取分析手段也不断智能化和精细化。本项目开展过程中，除了追踪最新的实验方法，同时也要兼顾我国现在从事大鼠和小鼠学习记忆行为研究方法的实际情况。对近年来最新推出的仪器设备、新建立的评价指标给予了介绍，但重点集中在实践中常用的仪器设备、实验方法和评价指标体系方面，便于推广应用。

第五节 内 容 解 读

本项目主要内容包括：制定大鼠和小鼠学习记忆行为实验相关术语；常用行为实验方法分类；常用检测设备种类；各类学习记忆行为检测方法和测试时间；指标评价体系。

本标准由范围、规范性引用文件、术语和定义、常用的学习记忆行为实验方法和行为评价实验设计原则共5部分构成。现将主要技术内容说明如下。

一、范围

本标准适用于以小鼠、大鼠为实验动物，开展学习记忆及相关疾病发生发展机制、航天航海等特因环境认知损伤及防护措施研究，进行抗老年性痴呆药物、改善学习记忆新药和保健食品研发，以及军事认知功能评价。

二、规范性引用文件

本标准引用的文件为现行有效的国家标准及行业标准。

三、术语和定义

1.

动物行为实验 animal behavioral test

以实验动物为对象，在自然界或实验室内，以观察和实验方式对动物的行为信息进行采集、分析和处理，开展动物行为信息的生理和病理意义及产生机制的科学研究。

2.

学习记忆 learning and memory

学习是神经系统接受外界环境变化获得新行为和经验的过程，分为非联合型学习（non-associative learning）和联合型学习（associative learning）两种。记忆是指对学习获得的经验或行为的保持，包括获得、巩固、再现及再巩固四个环节，分为程序性记忆（procedural memory）和陈述性记忆（declarative memory）。学习和记忆二者是互相联系的神经活动过程，学习过程中必然包含记忆，而记忆总是需要以学习为先决条件。

3.

学习记忆行为实验 learning and memory behavioral test

以整体动物为对象，采集和分析动物行为信息，开展学习记忆的发生发展过程的科学研究。基本实验检测原理包括奖励性、惩罚性和自发活动三类。主要实验方法有操作性条件反射、跳台、避暗、穿梭、水迷宫、T迷宫、放射状迷宫、物体认知等。

四、常用的学习记忆行为实验方法操作规范

本标准在总结各实验室多年来学习记忆行为实验方法积累的工作经验基础上，结合国内外文献，对小鼠和大鼠学习记忆行为检测方法常用设备（操作性条件反射、跳台、避暗、穿梭、迷宫和物体识别）的主要部件、实验模式、测试时间和指标评价体系进行了分析总结，给出可以操作的实验规范，但不涉及实验设备本身的技术参数和性能。

（一）操作性条件反射

1. 实验原理

操作性条件反射一般以能引起奖赏效应的物质（食物、糖水等中性强化物质）作为非条件刺激信号，灯光或声音作为条件刺激信号。在奖励性操作性条件反射过程中，动物通过自由活动，在探索中偶然发现了奖赏物，在训练过程中学习记忆刺激信号与奖赏物之间的联系；同样，动物通过对踏板的偶然触碰，发现了踏板操作能获得奖赏物质。最后，动物能够根据刺激信号的规律进行操作，以获得奖赏强化，形成刺激信号（stimuli）——操作行为反应（response）——结果（outcome）之间的操作条件反射。通过设计条件反射训练、固定比率操作训练、信号辨识和信号消退等组合实验模式，能很好地反映动物执行复杂操作任务时的判断、决策和学习记忆能力。

2. 实验材料

主要为操作性条件反射实验基本装置，包括测试箱、非条件刺激信号和条件刺激信号发生部件、操作部件、控制单元。现在多采用计算机、摄像或传感装置，以及软件系统组成的自动化和智能化装置。

3. 实验方法

条件刺激信号发生部件宜包括灯光（白炽光、红光、蓝光、黄光，推荐蓝光和红光）或者声音（蜂鸣声、脉冲声音、白噪声，频率 1kHz ~ 31kHz，推荐 10kHz，宜在 75 分贝 ~ 90 分贝）。奖励性操作性条件反射中非条件刺激信号应采用奖赏物质，奖赏物质宜用固体或液体。

4. 数据分析

采用 SPSS 统计软件对所有数据进行统计分析，实验结果用均值 ± 标准误（mean ± SEM）表示。各组间数据进行单因素方差分析（one-way ANOVA），不满足正态分布的数据采用非参数检验，当多组间有差异时，两两比较采用 Fisher’s LSD post hoc 多重比较方法进行分析。$P<0.05$ 时被认为具有统计学显著性差异。

（二）穿梭

1. 实验原理

穿梭（shuttle box）实验是指如果动物在规定时间内对某一特定信号（如灯光、声音）不发生反应，则给予惩罚性刺激（常用电刺激），使动物穿梭至对侧安全区（被动条件反射），在一定时间内反复训练后则可形成将特定信号与惩罚性刺激结合起来的条件反射-主动逃避反应（主动条件反射）。主动条件反射形成后，可进行信号消退测试。穿梭测试是一种高级、复杂的联想式程序性记忆的获得与巩固过程。

2. 实验材料

主要为穿梭实验的基本装置，包括测试箱、条件刺激和非条件刺激信号发生部件、控制单元。测试箱一般为矩形或方形，分 A、B 两室，两室面积等大。A、B 两室间有一椭圆形小门。现在多采用计算机、摄像或传感装置，以及软件系统组成的自动化和智能化装置。对于非条件刺激，推荐电刺激频率应为 5Hz ~ 15Hz，刺激强度电流宜为大鼠 2.5mA ~ 3.0mA、小鼠 0.8mA ~ 1.0mA，电压宜为大鼠 65V ~ 70V、小鼠 30V ~ 36V。

3. 实验方法

实验开始前，动物宜置于测试箱（A 或 B 室）适应 3min ~ 5min。动物适应完成后，应开始穿梭条件反射获得实验。穿梭次数应设定为 30 次 ~ 60 次。穿梭条件反射的获得：每天给予获得训练。周期依次为：条件刺激（灯或声音）3s ~ 5s 后，非条件刺激（电刺激）15s ~ 30s，非条件刺激结束后应有 5s ~ 10s 的间隔期（不给予任何刺激），达到设定的穿梭次数，实验结束。

4. 数据分析

采用 SPSS 统计软件对所有数据进行统计分析，实验结果用均值 ± 标准误（mean ± SEM）表示。各组间数据进行单因素方差分析（one-way ANOVA），不满足正态分布的数据采用非参数检验，当多组间有差异时，两两比较采用 Fisher's LSD post hoc 多重比较方法进行分析。$P<0.05$ 时被认为具有统计学显著性差异。

（三）跳台

1. 实验原理

跳台是一种检测动物被动性条件反射能力的方法，主要用来测试动物对空间位置辨知的学习记忆能力。通过给予一定程度的电刺激，动物为避免伤害而寻找安全区（绝缘跳台），经几次反复后，最终记住安全区域。跳台实验可反映动物学习记忆的获得、巩固、再现等过程，由于操作简单，是小鼠和大鼠学习记忆实验常用的行为学测试方法之一。

2. 实验材料

主要为跳台实验基本装置，包括测试箱、跳台、电路控制系统。现在多采用计算机、摄像或传感装置，以及软件系统组成的自动化和智能化装置。

3. 实验方法

实验开始前动物应放入测试箱内适应 5min。获得能力测试：将动物置于测试箱底部区域，底部电网通电，开始实验，实验时间为 5min。巩固能力测试：24h 后将动物置于跳台上，底部电网通电，开始实验，实验时间为 5min。

4. 数据分析

采用 SPSS 统计软件对所有数据进行统计分析，实验结果用均值 ± 标准误（mean ± SEM）表示。各组间数据进行单因素方差分析（one-way ANOVA），不满足正态分布的数据采用非参数检验，当多组间有差异时，两两比较采用 Fisher's LSD post hoc 多重比较方法进行分析。$P<0.05$ 时被认为具有统计学显著性差异。

（四）避暗

1. 实验原理

利用鼠类的嗜暗习性设计，主要测试动物对明暗辨别觉的学习记忆能力。动物由于嗜暗习性而偏好进入和停留在暗室，进入暗室或停留暗室时则受到电击，动物为避免伤害而寻找安全区（明室），经几次反复后，最终记住安全区域。

2. 实验材料

主要为避暗实验基本装置，包括测试箱和电路控制系统。测试箱应为矩形或方形，分明室和暗室。现在多采用计算机、摄像或传感装置，以及软件系统组成的自动化和智能化装置。

3. 实验方法

实验开始前动物应放入测试箱内适应 5min。获得能力测试：暗室底部通电，明室底部无电。动物置于测试箱暗室，开始实验，实验时间为 5min。巩固能力测试：暗室底部通电，明室底部无电。24h 后将动物置于明室，开始实验，实验时间应为 5min。

4. 数据分析

采用 SPSS 统计软件对所有数据进行统计分析，实验结果用均值 ± 标准误（mean ± SEM）表示。各组间数据进行单因素方差分析（one-way ANOVA），不满足正态分布的数据采用非参数检验，当多组间有差异时，两两比较采用 Fisher's LSD post hoc 多重比较方法进行分析。$P<0.05$ 时被认为具有统计学显著性差异。

（五）迷宫

迷宫（maze test）实验是大鼠和小鼠经过多次训练，学会在各种类型的迷宫中寻找固定位置的隐蔽平台/出口/食物，从而形成稳定的空间位置认知能力。迷宫实验中的空间认知是通过加工空间信息（外部线索）形成的。隐蔽平台/出口/食物的位置与动物自身所处的位置和状态无关，是一种以异我为参照点的参考认知，所形成的记忆是一种空间参考记忆，这种空间参考记忆进入意识系统，其储存的机制主要涉及边缘系统（如海马）及大脑皮层有关脑区，属于陈述性记忆（declarative memory），为空间记忆的常用实验方法。迷宫应用较多的为 Morris 水迷宫、T 型迷宫和放射（八臂）迷宫等。

1. Morris 水迷宫（Morris water maze）

水迷宫作为一种动物学习记忆的经典测试方法，可分为 Morris 水迷宫（圆形）和通道式水迷宫（方形）两种。最常用的为 Morris 水迷宫，是由英国心理学家 Morris 于 1981 年最先设计并应用于学习记忆机制研究而命名的。

（1）实验材料

主要为 Morris 水迷宫基本装置，其包括圆形测试水池、平台和空间参考物。现在多采用计算机、摄像，以及软件系统组成的自动化和智能化装置。对于水迷宫检测背景，建议白色毛发动物应采用黑色染料或黑色塑料泡沫，黑色毛发动物则在水中应放入白色牛奶或白色塑料泡沫直至平台不可见。

（2）实验方法

实验时应将水迷宫按东、南、西、北四个方向划分为 4 个象限。放置于任意一个象限内的中央。水池中注水高度应以平台顶部低于水面 1cm ~ 2cm 为宜。水温应维持在 22℃ ~ 25℃。测试箱水面颜色背景应尽可能与动物毛发颜色形成反差，保证平台不可见。

（3）数据分析

采用 SPSS 统计软件对所有数据进行统计分析，实验结果用均值 ± 标准误（mean ± SEM）表示。实验中，训练天数与分组对动物学习记忆功能的影响采用重复测量的进行分析，其中训练天数作为重复测量因子，其他数据进行单因素方差分析（one-way ANOVA），不满足正态分布的数据采用非参数检验，组间差异进行 LSD 分析比较。$P<0.05$ 被认为有显著性差异。

2. T 型迷宫（T maze）

T 型迷宫是一种评价空间工作记忆能力（spatial working memory）的行为实验方法。工作记忆能力下降，患者可出现空间定位困难、新知识学习能力下降、不能完成两种以上的任务等症状。T 型迷宫中，动物对目标臂的选择基于动物记住上次探索过的目标臂，即空间工作记忆。完整的工作记忆能力才能保证动物对目标臂的正确交替选择。

实验材料主要为 T 型迷宫实验测试箱、挡板、食物。测试箱分为主干臂、左右两个目标臂。左右目标臂与中心的连接处应各有一组可插入挡板的闸门。现在多采用计算机、摄像，以及软件系统组成的自动化和智能化检测装置。

（1）自发连续交替选择实验

动物放入 T 型迷宫的主干臂起始箱，应关闭闸门，动物限制在主干臂内 10s。打开闸门，此时动物离开主干臂进入一个目标臂。动物四肢进入目标臂内后，迅速将动物放回主干臂起始箱。此时应关闭闸门，限制在臂内 5s～10s。d）应重复 a）、b）、c）步骤 5～9 次，每次时间应不超过 2min。

（2）奖赏交替选择实验

适应训练：动物限食，即食物调整至 10g/天/只～15g/天/只（标准食物 2 粒左右/天/只）。以动物体重降至实验前的 85%～90%为准。开启 T 型迷宫所有门，放置食物。将多只动物放入迷宫 3min，必要时补充食物。每天至少做 4 次，每次与前一次间隔至少 10min。适应 2 天。

强迫选择训练，即将动物放入主干臂的起始箱，打开闸门，让动物进入迷宫的主干臂。随机、交替选择左右两臂之一放入 4 粒食丸，同时关闭另一侧臂，使动物被迫选择食物强化臂并完成摄食；每天 6 次，连续 4 天。保持关闭左侧门的次数与关闭右侧门的次数相等。

正式试验：强迫训练，即关闭一侧目标臂，强迫动物进入另一侧开放臂以获得 2 粒食丸奖赏。立即（最短延迟，少于 5s）将动物放回主干臂，在主干臂中限制 10s，然后同时开放两个目标臂。动物四肢均进入一个目标臂时完成“一次选择”。动物返回到强迫选择训练时进入过的臂则没有食物奖赏，并且将其限制在该臂内（限制时间与动物吃掉奖赏物的时间应相同，如 10s），记录一次错误选择；若动物进入另一个臂，则获得食物奖赏（4 粒食丸），记录一次正确选择。重复上述过程 6 次。

采用 SPSS 统计软件对所有数据进行统计分析，实验结果用均值 ± 标准误（mean ± SEM）表示。实验中，训练天数与分组对动物学习记忆功能的影响采用重复测量方法进行分析，其中训练天数作为重复测量因子，其他数据进行单因素方差分析（one-way ANOVA），不满足正态分布的数据采用非参数检验，组间差异进行 LSD 分析比较。$P<0.05$ 被认为有显著性差异。

3. 放射（八臂）迷宫（radial arm maze）

（1）实验原理

放射迷宫根据实验目的不同，选择的放射臂数目不同，包括 8、16、24、32、40 和 48 臂迷宫。八臂放射状迷宫应用较多。利用限食提高动物对食物的渴望，驱使动物对有食物的迷宫各臂进行探究，经过一定时间的训练，动物可记住食物在迷宫中的空间位置。该方法可同时测定动物的工作记忆和参考记忆。

（2）实验材料

主要为放射状（八臂）迷宫基本装置，包括测试箱、挡板和食物。测试箱由中央区和8个相同形状、相同尺寸的迷宫组成。中央区通往各臂的入口处有一活动挡板。现在多采用计算机、摄像，以及软件系统组成的自动化和智能化检测装置。

（3）实验方法

动物购入适应后，应对动物进行限食。体重控制在正常动物体重的 85%～90%为宜。第一次实验应在禁食 24h 后开始。实验开始时，迷宫各臂及中央区应平均分撒食物颗粒，每臂应放 4 粒，食物直径宜为 3mm。食物分撒完毕后，应同时将 4 只动物置于迷宫中央，此时应打开通往各臂的门。实验时间宜为 10min。重复 c），d）操作，应连续检测 3 天。第 4 天起动物应单只进行训练。在每个臂靠近外端食盒处各放一颗食粒，动物自由摄食，应在食粒吃完或实验 10min 后将动物取出。一天 2 次，连续检测 2 天。第 6 天开始，应随机选 4 个臂设定为工作臂，另外 4 个臂为参考臂。每个工作臂应放一颗食粒，关闭各臂门。将动物放在迷宫中央 30s 后，打开各臂门，动物应在迷宫中自由活动并摄取食粒，动物吃完 4 个臂的所有食粒或者 10min 后，应终止实验。每天应训练两次，间隔期应不少于 1h。

（4）数据分析

采用 SPSS 统计软件对所有数据进行统计分析，实验结果用均值 ± 标准误（mean ± SEM）表示。各组间数据进行单因素方差分析（one-way ANOVA），不满足正态分布的数据采用非参数检验，当多组间有差异时，两两比较采用 Fisher’s LSD post hoc 多重比较方法进行分析。$P<0.05$ 时被认为具有统计学显著性差异。

4. 物体认知

（1）实验原理

物体认知实验是利用啮齿类动物天生喜欢接近和探索新奇物体的本能来检测动物学习记忆能力的一种认知行为实验方法。

（2）实验材料

主要为物体认知实验基本装置，其包括测试箱，物体。现在多采用计算机，摄像，以及软件系统等组成的自动化和智能化设备。

（3）实验方法

实验有四种模式：新物体识别实验，物体位置识别实验，时序记忆实验，情景记忆实验。每种实验模式均应包括适应期、熟悉期、测试期三个阶段，详见表 1。每种实验模式均应符合配对平衡原则。

（4）数据分析

采用 SPSS 统计软件对所有数据进行统计分析，实验结果用均值 ± 标准误（mean ± SEM）表示。各组间数据进行单因素方差分析（one-way ANOVA），不满足正态分布的数据采用非参数检验，当多组间有差异时，两两比较采用 Fisher’s LSD post hoc 多重比较方法进行分析。$P<0.05$ 时被认为具有统计学显著性差异。

表 1 物体认知实验四种实验模式

	适应期	熟悉期	测试期
新物体识别实验	10min/d，连续 3 天	适应完成后开始，时间宜为 5min	熟悉期结束后间隔一定时间（推荐 30min），应更换其中一个物体为新物体，时间宜为 5min
物体位置识别实验		适应完成后开始，时间宜为 5min	宜在熟悉期结束后间隔一定时间（推荐 30min）开始，应更换其中一个物体的位置，时间宜为 5min
时序记忆实验		两个熟悉期实验。两个熟悉期间隔 20min，每次实验时间宜为 5min	宜在第二次熟悉期结束后间隔一定时间（推荐 30min）开始，时间宜为 5min
情景记忆实验		两个熟悉期实验。两个熟悉期间隔 20min，第二次熟悉期应更换背景，每次实验时间宜为 5min	宜在第二次熟悉期结束后间隔一定时间（推荐 30min）开始，时间宜为 5min

第六节 分析报告

本技术规范的参数、实验模式和测试时间的量化指标，由来自于多年从事小鼠和大鼠学习记忆行为实验研究的专家团队，在调研分析近 20 年国内外有关小鼠和大鼠学习记忆研究的文献 2000 多篇、100 多家实验室采用的实验方法的基础上，依据自己长期的实践经验，总结提炼编制形成的。具有很强的可操作性。

据不完全统计，我国建立了专门的脑与认知国家重点实验室 3 家，从事学习记忆相关研究的国家级重点实验室 10 多家，包括香港、澳门在内的全国 34 个省份均至少设立了一家省级重点实验室（研究中心）。超过 200 家省级以上的高校、研发机构正从事学习记忆发生发展机制，以及损伤防护措施的研究。而大、小鼠等啮齿类动物是生命科学、药学和军事医学研究领域常用的实验动物，建立小鼠和大鼠学习记忆行为实验技术规范，将会为我国脑科学研究、老年性痴呆等学习记忆障碍性疾病发病机制研究、防护药物筛选、特因环境等军事非致命性生物效应评价提供可信度高、共享性强的技术标准支撑，具有巨大的经济、社会和科研价值。

第七节 国内外同类标准分析

目前国内外尚无学习记忆行为实验的行业团体标准，只有对于具体某个模型或者检测方法的标准化操作规程（SOP），只在起草实验室内部进行使用，不能推广使用。

该技术规范为国内外第一次制订。全部数据来自于参编专家查阅大量国内外公开发表的文献资料，并结合自己多年工作实践中积累的经验制订而成，具很强的实践操作性，达国际领先水平。

第八节 与法律法规、标准的关系

可作为我国改善学习记忆新药、保健食品、医疗器械、航天航空航海等特因环境认知损伤防护产品研发时，相关功效和安全性评价中涉及的法律法规的技术文件支撑。

第九节 重大分歧意见的处理经过和依据

聘请我国从事小鼠和大鼠学习记忆行为研究，涵盖药理、实验动物、基础医学和军事医学领域的权威专家进行研讨，提出修改意见，以中国实验动物产业联盟成员为基础，在全国选择 5 ~ 8 家实验室进行验证，形成共识。

第十节 作为推荐性标准的建议

作为推荐性行业标准进行实施。

第十一节 标准实施要求和措施

过渡阶段首先在联盟成员内部进行推广应用，请联盟成员通过实验验证，提出修改意见后，报编制小组进行补充完善；依托中国实验动物学会、中国药理学会，逐步在我国科研机构推广应用。达成共识后，推动国家相关政府部门，作为我国医药健康相关产品研发的技术规范进行推荐。

第十二节 本标准常见知识问答

一、行为学实验前，如何减少动物的应激反应？

答：动物购入实验室后适应 3 天。适应期间，实验者应对动物进行抚触，使动物熟悉、适应实验者。动物在实验前，应适应检测环境 60min。检测环境需要保持安静。光源为非直接照射光源，照度一般为 10 lux ~ 30 lux。实验环境保持安静，室内噪声低于 60 分贝。

二、多项行为学实验顺序的安排原则是什么？

答：行为学实验顺序的安排原则是一般先安排对动物应激较小的实验，再安排应激较大的实验。

三、用于空间工作记忆的行为学方法主要包括哪些？

答：放射状（八臂）迷宫、T型迷宫、水迷宫。

第十三节 其他说明事项

无。

第十二章　T/CALAS 75—2019《实验动物　小鼠和大鼠情绪行为实验规范》实施指南

第一节　工作简况

《实验动物　小鼠和大鼠情绪行为实验规范》于2016年10月，经中国实验动物学会标准化委员会讨论通过，由中国实验动物科技创新产业联盟、中国实验动物学会动物模型鉴定与评价工作委员会负责组织，由中国医学科学院药用植物研究所、军事医学科学院毒物药物研究所、中国医学科学院医学实验动物研究所、中国航天员中心、西南医科大学和北大未名生物工程集团有限公司具体承担。编制小组依托各研究机构多年来在大鼠、小鼠情绪行为实验方面积累的经验和工作基础，结合国内外公开发表的情绪相关实验文献进行编制。先后三次在北京、泸州和长沙召开来自全国各地从事神经精神药效评价、动物行为实验和基础医学研究专家参加的研讨会，编制小组成员利用网络电话、邮件和微信等现代通讯媒体定期进行沟通，参与编制人员40多人次，历时三年完成了《实验动物　小鼠和大鼠情绪行为实验规范》的编制工作，并于2019年7月经中国实验动物学会批准发布实施。

第二节　工作过程

2015年1月，在北京召开的中国实验动物科技创新产业联盟第二次年会上，联盟秘书处向各联盟成员单位介绍了拟开展制定"实验动物　大鼠小鼠情绪行为实验规范"等联盟标准的建议并获得各成员单位的赞同。随后依托设立在北大未名生物工程集团的实验动物产业联盟办公室，由来自中国医学科学院药用植物研究所、军事医学科学院毒物药物研究所、中国航天员中心、中国医学科学院实验动物研究所、西南医科大学等专门从事大鼠和小鼠情绪行为实验研究的专家组成了"实验动物　大鼠小鼠情绪行为实验规范"编制小组，讨论形成了编制工作计划、编制原则和指导思想。

2016年3月，在安徽巢湖未名集团召开的中国实验动物科技创新产业联盟第三次年会上，标准主要起草人介绍了包括"实验动物　大鼠小鼠情绪行为实验规范"在内的10项联盟标准建议草稿，并与中国实验动物学会标准化委员会进行沟通。在中国实验动物学会标准化委员会的指导下，标准主要起草人和联盟秘书处决定以10项标准建议草稿为基础，整合为"实验动物　大鼠小鼠情绪行为实验规范"等7项团体标准。2016年10月11日，在广西南宁召开的中国实验动物学会标准化委员会专家论证会上，中国实验动物科技创新产业联盟提出的7项团体标准获得立项批准。

2016年11月到2017年7月，标准主要起草人采取召开网络电话会议，以及在泸州、长沙、北京等地实地调研等多种形式，编制过程中，邀请中国药理学会理事长杜冠华教授、中国药理学会神经专业委员会主任委员李锦教授和秘书长梁建辉教授、中国医学科学院神经科学研究中心执行主任许琪教授，以及解放军第四军医大学、中国中医科学院医学实验中心、北京中医药大学中药学院等从事动物情绪行为实验研究的专家参与。利用专家们多年来在大鼠和小鼠情绪行为实验方面积累的工作基础，以 Pubmed 和 CNKI 两种中英文文献库为重点进行查阅，分析整理以综述为重点的文献，总结各实验室有关大鼠和小鼠情绪行为的实验技术和方法。2017年7月2日，中国实验动物产业联盟和中国实验动物学会动物资源鉴定与评价委员会在北京联合召开了“实验动物模型技术规范研讨会”，来自北京、湖南、四川、河北、山东、云南等地的30位从事动物行为实验的专家听取了标准起草人就“实验动物　大鼠小鼠情绪行为实验规范（草稿）”的介绍，专家们进行了热烈讨论并提出了许多中肯意见。编制小组对草稿进行修改后，于2018年1月28日提交中国实验动物标准化委员会进行讨论。编制小组组织专家进行了完善，形成了征求意见稿和编制说明两份草稿。2018年3~5月，根据中国实验动物标准化委员会的意见，编制小组完善了动物行为评价方法的描述，并进行了标准化语言修改。2018年6月12日，实验动物标准化研讨会召开，标委会组织专家对“实验动物　大鼠小鼠情绪行为实验规范”进行审查。2018年12月至2019年4月，根据审查意见，编制小组进一步从语言及架构方面进行了修改，并提交给2019年5月21日召开的中国实验动物标准化委员会全体会议进行了最后审查，根据此次全体委员会的审查意见进行了修改完善，形成了征求意见稿和编制说明两份报批稿。

第三节　编写背景

现代科技发展使得人类生存环境、生活模式发生了重大转变，高强度、快节奏的现代生活方式，使得抑郁、焦虑等情绪障碍正成为危害人类身心健康的重大疑难病和难治病；人类正向极地、高原、深海和太空拓展的全新生活环境，尤其是现代高科技战争条件下，对军事作业人员的情绪会产生重大影响。研究这些挑战人类生存发展的难题，寻找其有效的防治措施，都需要开展抑郁、焦虑等情绪行为的研究。

抑郁、焦虑等情绪的产生涉及大脑最复杂的高级思维活动。从分子、组织和器官水平研究情绪的发生机制无法反映数以百亿计的神经元及神经突触组成的神经系统在外界刺激后经过复杂的生理、生化加工过程后产生的综合性整体效应。而直接以人体为对象暴露于特殊极端环境下的研究，存在极大风险并受到伦理学制约。鉴于动物与人类在进化上的高度保守性，利用实验动物在不同层次的行为响应特征与人类相比具有的相似性，建立模型推演，实现动物与人之间生物效应的等效性分析，揭示人体情绪发生发展的基本规律，寻找有效防护措施，已经成为包括现代生命科学、药学和医学等基础与应用研究的主要有效途径。而大鼠和小鼠等啮齿类动物是生命科学、药学和军事医学研究领域常用的实验动物。

我们查阅了中国实验动物学会信息库、中国实验动物学会实验动物标准化专业委员会制定的标准，以及国家军用标准全文数据库系统、国家科技部和中国人民解放军总后勤部卫生部发布的与实验动物相关的技术标准。到目前为止，我国已经建立实验动物遗传、微生物、寄生虫、营养和环境设施等 5 个方面国家标准，包括 12 项强制性标准、71 项推荐性标准和 10 项 SPF 鸡微生物检测标准，如 GB 14922.1—2001（寄生虫学等级及监测）、GB 14922.2—2001（微生物等级及监测）、GB 14923—2001（哺乳类实验动物的遗传质量控制）、GB 14924.1— 2001（配合饲料通用质量标准）、GB 14924.2—2001（配合饲料卫生标准）、GB 14925—2010（环境及设施），以及正在制定的实验动物—福利伦理审查指南、小鼠和大鼠引种技术规程。这些均是关于实验动物生产和质量控制方面的技术标准，没有动物情绪行为实验相关的标准规范。

第四节 编 制 原 则

一、贴近实践操作，可操作可量化

利用参与编制小组专家多年实践工作中建立的评价技术和方法，结合国内外大量参考文献，提出具体可量化的评价指标，使得制定的技术规范达到可操作、可评判，一方面，避免过于宏观在实践中无法执行，流于形式；另一方面，又要注意不能纠结于细节，沦为某一动物模型制备或实验设备的具体操作规范，无法在实际工作中进行推广应用，进而失去标准规范的意义。

二、评价技术为重点

由于情绪行为发生机制复杂，现有的动物模型模拟包括生物、化学、物理和复合等多种手段，即使同一原理动物模型，每个实验室和每个操作者的具体方法也可能不一样，使用的仪器设备的具体性能也有差异。针对这种情况，本项目主要集中在情绪行为评价实验方法方面，包括实验模式、测试时间、评价指标及所需的仪器设备，不涉及仪器设备本身的技术参数、性能及所需的动物模型。

三、先进性和适用性相结合

随着现代科技的发展，多学科的新技术、新方法不断向动物情绪行为实验研究领域渗透，不断产生新的情绪行为实验研究方法。本项目开展过程中，在注意吸取最新的实验方法的同时，也要兼顾我国现在从事大鼠和小鼠情绪行为研究中的实际情况。对近年来最新推出的仪器设备、新建立的评价指标给予了介绍，但重点集中在实践中常用的仪器设备、实验方法和评价指标体系方面，便于推广应用。

第五节 内 容 解 读

本项目主要内容包括：制定大鼠和小鼠情绪行为实验相关术语；常用行为实验所需的检测设备、检测方法、测试时间和评价指标。

本标准由范围、规范性引用文件、术语和定义、常用的情绪行为实验方法和行为评价实验设计原则共 5 部分构成。现将主要技术内容说明如下。

一、范围

本标准适用于：小鼠和大鼠等实验动物情绪行为发生发展机制、防护措施、新药和健康产品研发；航天航空航海等特因环境所致情绪障碍发生机制及防护措施研究；军事生物效应评价。

二、规范性引用文件

本标准引用的文件为现行有效的国家标准及行业标准。

三、术语和定义

1.

动物行为实验 animal behavioral test

以实验动物为对象，在自然界或实验室内，以观察和实验方式对动物的行为信息进行采集、分析和处理，开展动物行为信息的生理和病理意义及产生机制的科学研究。

2.

情绪 emotion

个体在其需要是否得到满足的情景中直接产生的心理体验和相应反应，为人和动物所共有。

3.

抑郁 depression

面临环境应激等因素长期、慢性作用时，出现快感缺失、行为绝望、获得性无助等情绪反应。

4.

焦虑 anxiety

一种缺乏明显客观原因，预期即将面临不良处境的紧张不安和恐惧情绪。

5.

动物情绪行为实验 animal emotion behavioral test

以实验动物模型为对象，研究情绪所致疾病的发生机制及防治措施的科学研究。本规范中主要指负性情绪行为实验，包括抑郁行为实验（获得性无助实验；强迫游泳实验；悬尾实验；糖水偏爱实验；旷场实验；新奇物体探索实验）和焦虑行为实验（高架十字迷宫实验；明暗箱实验；旷场实验；饮水冲突实验）。

四、常用的情绪行为实验方法规范

情绪是个体在其需要是否得到满足的情景中直接产生的心理体验和相应反应，为人和动物所共有。由于动物的情绪体验难以用语言表达，行为实验是其主要的评价方法。情绪有很多类型，本规范主要指负性情绪如抑郁、焦虑和恐惧。焦虑行为很多时候是动物面临奖赏-恐惧冲突时矛盾心理的表现，故本项目集中于抑郁和焦虑行为的研究。

小鼠和大鼠抑郁行为检测方法是基于兴趣缺失、心境低落、绝望和无价值感为主要特征而设计的。焦虑行为则是基于非条件反射和条件反射原理而进行设计的。科学家建立了多种行为实验方法用于检测动物的情绪行为改变。抑郁行为实验方法主要包括获得性无助、糖水偏爱、新奇物体探索、旷场、强迫游泳、悬尾、学习无助；焦虑行为实验方法主要有高架十字迷宫、旷场、明暗箱、新奇环境摄食抑制、饮水冲突实验等。

本文在调研整理国内外关于大鼠和小鼠情绪行为实验方法的基础上，对其实验装置、检测原理、实验模式、测试时间和指标评价体系进行了分析总结，给出可以操作的实验规范。

（一）抑郁行为

1. 获得性无助实验（learned helplessness test）

（1）实验原理

获得性无助实验是指当大鼠接受连续无法控制或预知的厌恶性刺激（电击）后，将其放在可以逃避电击的环境中时，呈现出的逃避行为欠缺的现象，同时还伴有体重减轻、运动性活动减少、攻击性降低等行为改变。该实验的优点在于它几乎模拟了严重抑郁的全部症状，包括快感缺乏、对奖赏反应能力下降等，是评价抑郁行为一种比较理想的实验方法，可广泛应用于抑郁发病机制研究，以及新药、保健产品研发，在军事医学中也具有重要应用价值。

（2）实验材料

获得性无助实验的基本装置，包括条件刺激（灯光或声音）和非条件刺激（电刺激）。电刺激频率宜为 5Hz ~ 15Hz，刺激强度电流应为大鼠 0.65mA ~ 1.80mA（推荐 0.8mA）、小鼠 0.15mA ~ 0.6mA（推荐 0.25mA）。如采用电压，应为大鼠 65V ~ 70V、小鼠 30V ~ 36V。

（3）实验方法

获得性无助实验应包括模型建立期和条件性回避期。模型建立期中，每个运行周期应包括无信号不可逃避的双室足底电击期和间隙期。电击持续时间宜为 10s ~ 30s，推荐 15s。间隙期宜为 2s ~ 60s，推荐 15s。模型建立时间宜为 3 天。

（4）数据分析

采用 SPSS 统计软件对逃避失败次数、逃避潜伏期时间等指标进行统计学分析。实验数据以均值 ± 标准误的形式表示，各组间数据用 t 检验和单因素方差分析判断其统计学意义。$P<0.05$ 有统计学意义。

2. 强迫游泳实验（forced swim test）

（1）实验原理

强迫游泳实验是 Porsolt 等人先后于 1977 年和 1978 年建立的。主要原理是当动物被迫在一个受限的空间游泳时，它们首先拼命游动，试图挣扎逃跑，当逃跑无法实现时即处于一种漂浮不动姿势，并定义这种“不动行为”为“行为绝望状态”。大、小鼠强迫游泳实验以游泳的不动时间为主要指标检测动物的绝望行为，是抗抑郁药物初筛及检测模型动物是否出现“抑郁样”行为的常用检测方法。

（2）实验材料

强迫游泳实验的基本装置是测试箱。现在多采用计算机、摄像（传感），以及软件系统等组成的自动化和智能化设备。

（3）实验方法

大鼠强迫游泳实验应在实验前一天预游泳 15min，24h 后进行强迫游泳实验。实验时间 5min。小鼠强迫游泳实验在检测当天进行，不需预游，实验时间 6min，记录后 4min 检测期动物的不动、游泳及攀爬行为。实验时，调节水温应为 23℃ ~ 25℃，应使动物尾部离测试箱底面 1cm 为宜。

（4）数据分析

采用 SPSS 统计软件对动物不动时间等指标进行分析，所有数据均采用均数 ± 标准误（mean ± SEM）表示。采用单因素方差分析（one way-ANOVA）进行多组间比较，当多组间有差异时，两两比较采用 Fisher's LSD post hoc 多重比较方法。$P<0.05$ 认为具有统计学显著性差异。

3. 悬尾实验（tail suspension test）

（1）实验原理

小鼠悬尾实验是 Steru 等于 1985 年建立的，主要原理是：当小鼠尾巴被悬挂时，起初会剧烈挣扎试图逃脱，但几分钟后发现逃跑无望即处于不动状态，也被认为是一种绝望状态。小鼠悬尾实验以悬尾的不动时间为指标检测动物的绝望行为，是抗抑郁药物初筛及检测模型动物是否出现“抑郁样”行为的常用检测方法。

（2）实验材料

悬尾实验的基本装置是测试箱。现在多采用计算机、摄像（传感），以及软件系统等组成的自动化和智能化设备。

（3）实验方法

实验时，动物尾部悬吊将胶布粘在离小鼠尾端 2cm 处，使小鼠呈倒悬体位，头部应离悬尾箱底面 5cm。实验时间应为 6min，记录后 4min 的动物的不动、运动挣扎行为。评价指标包括不动时间、挣扎时间等。

（4）数据分析

采用 SPSS 统计软件对动物不动时间等指标进行分析，所有数据均采用均数 ± 标准误（mean ± SEM）表示。采用单因素方差分析（one way ANOVA）进行多组间比较，当多组间有差异时，两两比较采用 Fisher's LSD post hoc 多重比较方法。$P<0.05$ 认为具有统计学显著性差异。

4. 糖水偏爱实验（sucrose preference test）

（1）实验原理

糖水偏爱实验是检测抑郁症的一个典型症状——快感缺失的经典实验，通常用于慢性不可预知应激后的快感缺失行为检测；其原理是利用啮齿类动物对甜味的偏好而设计，动物禁食禁水一段时间后，同时给予饮用水和低浓度蔗糖水，以动物对蔗糖水的偏嗜度（蔗糖偏嗜度）为指标检测动物是否出现快感缺失这一抑郁症状。该实验在大鼠慢性应激模型中应用最广泛，大鼠慢性不可预知性应激模型的建立者 Katz 和大鼠慢性温和应激模型的建立者 Willner 分别于 1982 年和 1987 年首次采用糖水实验检测抑郁模型动物是否出现快感缺失症状。此外，该实验为抗抑郁药物起效速率研究的最主要的行为学检测方法之一。

（2）实验材料

糖水偏爱实验的基本装置是饮水瓶装置。饮水瓶盛装液体体积大鼠应不少于 50mL，小鼠应不少于 30mL。纯水和蔗糖液体容量相同。

（3）实验方法

实验时，动物单笼饲养，进行 48h 的蔗糖饮水训练。前 24h 给予两瓶 1%～2%蔗糖水；后 24h，一瓶给予 1%～2%蔗糖水，另一瓶给予饮用纯水（期间交换两个水瓶位置）。大鼠蔗糖偏嗜度测定，大鼠禁食禁水 14h～23h，自由饮用两瓶不同的水，其中一瓶为 1%～2%蔗糖水，一瓶为饮用纯水。测定 1h 内大鼠对两瓶水的饮用量（g）。小鼠糖水偏爱实验无须禁食禁水，但在 48h 饮水训练时，应全程给予 1%～2%蔗糖水和饮用水（期间交换两个水瓶位置），测定 8h～15h 内（中间宜交换两瓶位置 1 次）小鼠对两瓶水的饮用量（g）。

（4）数据分析

采用 SPSS 统计软件对蔗糖偏嗜度结果进行分析，所有数据均采用均数 ± 标准误（mean ± SEM）表示。采用单因素方差分析（one way ANOVA）进行多组间比较，当多组间有差异时，两两比较采用 Fisher's LSD post hoc 多重比较方法。$P<0.05$ 认为具有统计学显著性差异。

5. 旷场实验（open field test）

（1）实验原理

旷场实验是经典的抑郁-焦虑情绪相关行为学检测实验。检测指标为旷场中动物的自主活动以及动物首次进入中央区的潜伏期、中央区停留时间和穿行次数等；由于抑郁症表现为活动减少且探究兴趣缺失，结合某些抑郁模型可检测动物的"抑郁样"行为和药物的抗抑郁作用，检测指标为动物的旷场活动性，可人工计数动物的水平爬格次数和垂直站立次数作为行为指标，也可采用自动摄像记录动物运动轨迹，并采用行为学软件分析运动距离、运动速度及不动时间等行为指标。该实验亦可用于评价抗抑郁药物的起效速率。

（2）实验材料

旷场实验的基本装置为测试箱。测试箱现在多采用计算机、摄像或传感，以及软件系统等组成的自动化和智能化设备。

（3）实验方法

实验时，将动物从同一位置同一方向放入旷场箱，实验检测时间宜为 5min～10min。

（4）数据分析

采用 SPSS 统计软件对动物总路程、运动总时间、站立次数等进行分析，所有数据均采用均数 ± 标准误（mean ± SEM）表示。采用单因素方差分析（one way ANOVA）进行多组间比较，当多组间有差异时，两两比较采用 Fisher's LSD post hoc 多重比较方法。$P<0.05$ 认为具有统计学显著性差异。

6. 新奇物体探索实验（novel objective test）

（1）实验原理

基于动物先天寻求新奇事物的行为，在动物适应后的环境中引入新奇物体，动物对新奇物体探索行为增加。

（2）实验材料

新奇物体探索实验的基本装置包括测试箱、物体（圆柱体或长方体）。现多采用计算机、图像（传感），以及软件系统组成的自动化和智能化设备。

（3）实验方法

实验时，将动物放入自发活动测试箱，适应 5min 后，取出，放回原笼。测试时，在同一环境条件下引入一新物体（应放入中心位置），再将待测动物面壁放入测试箱，开始实验。检测时间应为 10min。

（4）数据分析

采用 SPSS 统计软件对动物探索潜伏期时间进行分析，所有数据均采用均数 ± 标准误（mean ± SEM）表示。采用单因素方差分析（one way ANOVA）进行多组间比较，当多组间有差异时，两两比较采用 Fisher's LSD post hoc 多重比较方法。$P<0.05$ 认为具有统计学显著性差异。

（二）焦虑行为

1. 高架十字迷宫实验（elevated plus-maze test）

（1）实验原理

高架十字迷宫由于开臂和外界相通，对动物来说具有一定的新奇性，同时又具有一定的威胁性，焦虑水平高的动物会离开开臂退缩到闭臂中。

（2）实验材料

高架十字迷宫实验的基本装置是测试箱。测试箱由开臂、闭臂、中央平台区组成。测试箱底部宜距离地面一定的高度。现在多采用计算机、摄像，以及软件系统等组成的自动化和智能化设备。以动物四肢全部进入开（闭）臂作为进出开（闭）臂的标准。

（3）实验方法

实验时，将动物置于迷宫中央平台区，面向开臂，开始实验，检测时间应为 5 min。

（4）数据分析

采用 SPSS 统计软件对动物在开臂次数百分比、开臂时间百分比等指标数据进行分析，所有数据均采用均数 ± 标准误（mean ± SEM）表示。采用单因素方差分析（one way ANOVA）进行多组间比较，当多组间有差异时，两两比较采用 Fisher's LSD post hoc 多重比较方法。$P<0.05$ 认为具有统计学显著性差异。

2. 明暗箱实验（light-dark box test）

（1）实验原理

啮齿类动物喜欢探究新奇环境，但又因厌恶明室中亮光而被迫退却，由此形成矛盾冲突状态显示焦虑行为。

（2）实验材料

明暗箱实验的基本装置为测试箱。测试箱宜为矩形或方形的立方体，应包括明室和暗室两室。现在多采用计算机、摄像（传感），以及软件系统等组成的自动化和智能化设备。正常动物应在暗室停留时间超过总时间的 60%。

（3）实验方法

实验时，将动物从明室或暗室放入，观察动物进出明、暗室的行为。测试时间应为 5min ~ 10min。

（4）数据分析

采用 SPSS 统计软件对动物穿箱次数、动物在明室滞留时间等进行分析，所有数据均采用均数 ± 标准误（mean ± SEM）表示。采用单因素方差分析（one way ANOVA）进行多组间比较，当多组间有差异时，两两比较采用 Fisher's LSD post hoc 多重比较方法。$P<0.05$ 认为具有统计学显著性差异。

3. 旷场实验（open field test）

（1）实验原理

动物由于对陌生环境的恐惧，主要在周边区域活动，在中央区域活动较少。同时，动物对陌生环境的新奇，又促使其产生在中央区域探究的动机。利用动物在开场环境中恐惧和好奇探究形成的矛盾冲突，研究动物的焦虑状态。

（2）实验材料

旷场实验的基本装置为测试箱。测试箱现在多采用计算机、摄像或传感装置，以及软件系统组成的自动化和智能化设备。

（3）实验方法

实验时，将动物从同一位置同一方向放入旷场箱，实验检测时间宜为 5min ~ 10min。

（4）数据分析

采用 SPSS 统计软件对动物在空场中运动的总路程、速度、中央区（周边区）路程等相关指标进行分析，所有数据均采用均数 ± 标准误（mean ± SEM）表示。采用单因素方差分析（one way ANOVA）进行多组间比较，当多组间有差异时，两两比较采用 Fisher's LSD post hoc 多重比较方法。$P<0.05$ 认为具有统计学显著性差异。

4. 饮水冲突实验（water-drinking/Vogel's drinking conflict test）

（1）实验原理

动物禁水一定时间后，会产生强烈的饮水动机，然而一旦饮水时，又给予动物电击惩罚使之产生恐惧，这种矛盾冲突反复出现，会使动物表现出经典的焦虑行为。

非惩罚饮水训练时，动物禁水 24h 后，应单只放入测试箱内，让其充分探究，直到发现瓶嘴并开始舔水，测试时间应为 3min。惩罚实验时，动物应继续禁水 24h，共 48h 后置于测试箱。动物找到瓶嘴并开始舔水后自动开始计数和计时，20 次舔水次数后给予一次电击（舔水与电击次数之比为 20：1）。测试时间应为 3min。

（2）实验材料

饮水冲突实验的基本装置是测试箱，内部包括电击和饮水部件。现多应用计算机、摄像和软件操作系统组成的自动化和智能化装置。

（3）数据分析

采用 SPSS 统计软件对动物舔水次数进行分析，所有数据均采用均数 ± 标准误（mean ± SEM）表示。采用单因素方差分析（one way ANOVA）进行多组间比较，当多组间有差异时，两两比较采用 Fisher's LSD post hoc 多重比较方法。$P<0.05$ 认为具有统计学显著性差异。

第六节 分析报告

本技术规范的参数、实验模式和测试时间的量化指标，是由来自于多年从事小鼠和大鼠情绪行为实验研究的专家团队，在调研分析近 20 年国内外有关小鼠和大鼠情绪行为实验研究的文献和多家实验室采用的实验方法的基础上，依据自己长期的实践经验，总结提炼编制形成的，具有很强的可操作性。

抑郁症、焦虑症等情绪障碍已成为严重危害人类身心健康的重大难治病和疑难病，寻找有效的防护措施是国际医学界高度重视的热点领域。大鼠和小鼠等啮齿类动物是生命科学、药学和军事医学研究领域常用的实验动物，建立小鼠和大鼠情绪行为实验技术规范，将会为我国防治抑郁症、焦虑症等情绪障碍性疾病发病机制研究、防护药物筛选、特因环境情绪损伤发生机制和防护措施研究提供可信度高、共享性强的技术标准支撑，具有巨大的经济、社会和科研价值。

第七节 国内外同类标准分析

目前国外尚无情绪行为的行业团体标准，只有对于具体某个模型或者检测方法的标准化操作规程（SOP），且 SOP 文件多在起草实验室内部进行使用。

该技术规范为国内外第一次制订。全部数据来自于参编专家在查阅大量国内外公开发表的文献资料，结合自己多年工作实践中积累的经验制订而成，具很强的实践操作性，达国际领先水平。

第八节 与法律法规、标准的关系

可作为我国改善抑郁、焦虑新药、保健食品、医疗器械，航天航空航海等特因环境情绪异常防护措施研究的相关功效和安全性评价中涉及的法律法规的技术文件支撑。

第九节 重大分歧意见的处理经过和依据

聘请我国从事小鼠和大鼠情绪行为研究，涵盖药理、实验动物、基础医学和军事医学领域的权威专家进行研讨，提出修改意见，以中国实验动物产业联盟成员为基础，在全国选择 5 ~ 8 家实验室进行验证，形成共识。

第十节 作为推荐性标准的建议

作为推荐性行业标准进行实施。

第十一节 标准实施要求和措施

过渡阶段首先在联盟成员内部进行推广应用，请联盟成员通过实验验证，提出修改意见后，报编制小组进行补充完善；依托中国实验动物学会、中国药理学会，逐步在我国科研机构推广应用。达成共识后，推动国家相关政府部门采纳作为我国医药健康相关产品研发的技术规范，在全国医学和生命科学基础研究、药学、中医药和特种医学等专业领域内进行推荐。

第十二节 本标准常见知识问答

一、行为学实验前，如何减少动物的应激反应？

答：动物购入实验室后适应 3 天。适应期间，实验者应对动物进行抚触，使动物熟悉、适应实验者。动物在实验前，应适应检测环境 60min。测试环境需要保持安静。光源为非直接照射光源，照度一般为 10lux～30lux。实验环境保持安静，室内噪声低于 60 分贝。

二、多项行为学实验顺序的安排原则是什么？

答：行为学实验顺序的安排原则是一般先安排对动物应激较小的实验，再安排应激较大的实验。

三、旷场实验主要检测哪些内容？

答：动物的自发活动和焦虑水平。

第十三节 其他说明事项

无。

实验动物科学丛书

I 实验动物管理系列

实验室管理手册(8，978-7-03-061110-9)

常见实验动物感染性疾病诊断学图谱

实验动物科学史

实验动物质量控制与健康监测

II 实验动物资源系列

实验动物新资源

悉生动物学

III 实验动物基础科学系列

实验动物遗传育种学

实验动物解剖学

实验动物病理学

实验动物营养学

IV 比较医学系列

实验动物比较组织学彩色图谱(2，978-7-03-048450-5)

比较影像学

比较解剖学

比较病理学

比较生理学

V 实验动物医学系列

实验动物疾病(5，978-7-03-058253-9)

大鼠和小鼠传染性疾病及临床症状图册(11，978-7-03-064699-6)

实验动物医学

VI 实验动物福利系列

实验动物福利

VII 实验动物技术系列

动物实验操作技术手册(7，978-7-03-060843-7)

动物生物安全实验室操作指南(10，978-7-03-063488-7)

VIII 实验动物科普系列

实验室生物安全事故防范和管理(1，978-7-03-047319-6)

实验动物十万个为什么

IX 实验动物工具书系列

中国实验动物学会团体标准汇编及实施指南(第一卷)(3，978-7-03-053996-0)

中国实验动物学会团体标准汇编及实施指南(第二卷)(4，978-7-03-057592-0)

中国实验动物学会团体标准汇编及实施指南(第三卷)(6，918-7-03-060456-9)

中国实验动物学会团体标准汇编及实施指南(第四卷)(12，918-7-03-064564-7)

毒理病理学词典(9，918-7-03-063487-0)